LES FOURMIS NE BOIVENT PAS DE CAFÉ

Petits récits allégoriques

Jacques Berger

Table of Contents

Je tiens aussi à remercier mon ami Philip Robbie à qui je dois tout le travail d'édition de ce livre sous sa forme électronique aussi bien que sur papier.

Ce titre n'a pas grand-chose à voir avec quoi que ce soit, mais il a une histoire, d'abord, et, comme les histoires qui suivent parlent beaucoup des mots, il est un exemple intéressant du pouvoir suggestif de ces derniers.

L'histoire est toute bête! Trois amis artisans d'art sont en route vers Mirepoix où ils ont loué un magasin pour l'été afin d'y vendre leurs créations. En chemin, des échanges sans queue ni tête, jusqu'à ce que certaines des idées abordées coalescent dans cette phrase inattendue qui deviendra instantanément le nom d'un magasin où il n'y aurait pas de fourmis!

Il n'empêche que tout au long de la saison il a été générateur d'un nombre incalculable de conversations avec les clients et les Mirapiciens (eh oui!). J'espère qu'il continuera de le faire à la lumière de ces récits et bien sûr je ne remercierai jamais assez Sylvie et Christian pour leur sens de l'humour et leur amitié.

INTRODUCTION

La réalité dans laquelle nous nous mouvons est, avouons-le, loin d'être certaine. Cela devient vite évident si on s'intéresse un tant soit peu à la manière dont nous le percevons et surtout au processus d'interprétation de ces perceptions. Quand on est seul avec sa réalité, tout est simple, on peut en faire ce que l'on veut, mais dès l'instant où l'on sent le besoin de la communiquer, nous avons besoin de… l'autre et d'un outil pour le faire. C'est raisonnablement aisé quand il s'agit de parler de choses concrètes : on les voit, on les touche, facile de se mettre d'accord ! Cela se complique quand il s'agit d'émotions, de ressenti, mais on peut toujours, par approximations, trouver chez l'autre quelque chose qui ressemble. Mais cela se complique d'autant plus quand on veut communiquer ce que notre imagination, notre créativité concocte, ou, pire, une façon différente de voir le monde. Et là, les mots ne suffisent plus puisque, faisant partie d'un bagage commun, ils ne sont plus adaptés à des idées différentes. Il faut alors tricher et les employer non plus pour dire mais pour suggérer ! Avec des mots, placés comme-ci ou comme-ça, on redessine ce que nous croyons être le monde réel qui nous entoure ce que nous inventons, au point que l'on se demande si, en réalité (!) nous ne créons pas des réalités, dont celle qui nous entoure…

Un bel exemple de ce que j'avance se trouve dans ces livres d'images bizarres et qu'il faut regarder comme ci et comme ça, en louchant un peu… Une page de poissons rouges… Je l'ai regardée comme-ci et comme-ça… et une image est sortie. Une moto !!! Qui n'avait rien à faire là. Elle n'était pas imprimée sur le livre, elle n'avait pas de substance, si je mettais la main à la page, celle-ci était plate et les reliefs que me racontaient mon cerveau n'étaient pas là. J'ai passé l'image à ma femme, je lui ai suggéré comment faire, mais là, les mots se sont révélés totalement inutiles ! Comment dire à quelqu'un de regarder quelque chose « comme ça » ? Pour voir ces images, il ne suffit pas seulement de mettre les yeux dans une certaine position, il faut aussi qu'au-delà du nerf optique, dans le vaste inconnu de nos neurones et des algorithmes qui y sévissent, quelque chose clique. Et pour commander cela, nous n'avons pas un seul mot. Et il n'y en aura jamais. Passé le nerf optique, ça ne regarde plus les autres ! Bref, tout d'un coup, la moto qui était cachée dans les poissons rouges lui a sauté aux neurones… Et en vérité, je ne serais pas capable de dire comment elle a fait pour voir. Elle non plus. Les géographes, eux qui ont dû apprivoiser le stéréoscope, pourraient nous parler, de la première fois où le Mont Blanc leur a sauté aux yeux ! Vous me direz que les dessins sur la page ne sont pas là par hasard, quelqu'une a planifié toute l'affaire en fonction de ce qu'elle savait des caractéristique de notre vision binoculaire, mais il n'en reste pas moins que la chose qui «sort» de la page n'y est pas, qu'elle est essentiellement dans notre cerveau…

Alors je me suis d'abord dit qu'il suffit parfois de regarder les choses autrement et que tout change. Je me suis dit que peut-être, la lune, là-haut, je ne peux pas la toucher non plus, mais que se passerait-il si je la regardais autrement ? J'ai eu beau essayer le strabisme divergent, le convergent, torturer mon cristallin et étirer mon iris, je n'ai pas vu de brosse à dents apparaître ! Peut-être n'ai-je pas su aller plus loin que le nerf optique… À moins que mes neurones soient jaloux et ne tolèrent pas que je fréquente d'autres images !…

J'ai passé des jours étonnants à loucher sur ci ou sur ça. Chou blanc ! Je me suis même mis la tête en bas pour voir ce que ça fait quand c'est la terre qui est posée sur le ciel ! Vrai de vrai et, crois-moi, c'est très intéressant ! C'est pour te dire…

Mon dauphin était-il réel ? Question idiote ! Il ne faut jamais jouer au petit jeu de la réalité, c'est comme le sable mouvant, ça vous aspire, on ne peut plus en sortir. Alors je me suis laissé enliser.

La lune, au fond, elle n'est guère plus réelle que mon dauphin et il est bien vrai qu'il faut que je la regarde différemment si je veux en faire une planète qui se balade autour de moi, en 3D… Mais pas en louchant ni en faisant les pieds au mur : en croyant ce que me disent des gens. Pour qu'elle m'apparaisse en 3D, la lune, il faut que je la regarde avec des mots… ça n'a plus rien à voir avec mon nerf optique. Pour ne pas devenir fou, il faut que j'arrive à faire coïncider ce que me disent mes sens et ce que me disent les autres. Avec la lune, c'est pas trop difficile, mais essayez un peu les trous noirs ou les quarks charmants, les cordes et un espace à 11 dimensions ! La seule façon de les… voir c'est d'abord de croire ceux qui me les racontent et ensuite d'essayer de me faire ma petite image à moi ! Mon trou noir n'existe que dans des phrases dont je fais exactement ce que je veux, avec lesquelles je compose les images qui me plaisent ou que je peux concevoir, ou qui ont du sens pour moi… Ce que le savant sait ? Je n'en sais fichtrement rien ! On est tout juste d'accord sur les mots. Mon trou noir à moi, c'est un peu comme le « regarde comme ça » que j'ai dit à ma femme, c'est seulement des paroles !

Quand tu penses que je ne sais de toi, de ton monde intérieur, de ton univers que ce que m'en disent les quelques 2 ou 3000 mots que nous manions facilement mais sur lesquels quelqu'un d'autre que nous s'est mis d'accord au cours de l'histoire… ça va pour la couleur de tes yeux (encore que…) ou la douceur de ta peau (encore que…). Mais ta douleur, ton émotion, ta peur… Rien que des mots ! Et ton Dieu, donc !…

En fait, quoi qu'on fasse, quoi qu'on tente, on est et on reste seul face à… Le problème, c'est qu'un jour, nous nous sommes mis à vouloir confirmer ce que nous percevions. Manque de confiance en nous ? Crainte ? La seule solution que nous ayons trouvée ça a été d'aller demander à l'autre s'il percevait la même chose. Nous avons dû aller vers l'autre pour autre chose que la simple perpétuation de l'espèce. Mais cet autre nous reste et nous restera totalement inconnu. Le lien qui nous permettrait d'entrer en lui, de le lire, de découvrir son univers et de s'en enrichir, ce lien nous est inaccessible. Le moins pire qu'on ait trouvé pour tenter de le créer, ce sont les mots. Ça nous fait une belle jambe ! Ils sont au mieux une espèce de consensus boiteux, la souris dont accouche la montagne d'un passé voué à essayer en vain. Des mots qu'on emploie pour maintenant alors qu'ils ne sont qu'une trace d'un passé qui est toujours à la traîne d'un métro quand il s'agit de se faire une place dans le dictionnaire. Alors quand je dis ou que j'écris « je t'aime » je ne sais jamais si le « moi aussi » qui y répond parle de la même chose. On se console en se disant qu'on a le mot ! Un vieux mot qui a déjà servi à toute l'humanité et qui, il y a seulement cinquante ans voulait sûrement dire tout autre chose. Tout l'amour du monde tient dans ces quelques lettres, ces quelques sons.

Ce qui est dommage, c'est qu'on n'est pas sûr qu'il soit raisonnable de pouvoir croire les mots de Bernadette, alors qu'on fait d'emblée confiance à ceux du savant. Pourtant, ils nous disent tous les deux la même chose : des mots. Ils ont tous deux vu quelque chose. Y aurait-il la même image derrière des mots différents ? Certes, ils utilisent chacun des lorgnons distincts pour tenter de comprendre. Au fait, pourquoi n'échangeraient-ils pas leurs lunettes ? À moins que ce ne soit exactement les mêmes mais qu'ils s'en servent d'une autre manière… Tiens, nous revoilà au début !

Alors, j'ai essayé toutes sortes de lorgnettes, en regardant par un bout, puis par l'autre et en louchant un peu… Rassure-toi, je n'ai rien vu de fondamentalement nouveau. Peut-être ai-je seulement vu différent !

De là, il n'y a qu'un pas à faire, en partant des mots et des idées et avec un soupçon d'imagination, pour peindre une réalité parallèle, fantaisiste peut-être, mais certes distrayante et souvent pleine de sens, voire profonde. Alors je me suis mis à regarder les choses différemment et même à regarder «à l'intérieur», des choses que je pouvais matérialiser, à qui je pouvais donner vie avec des mots qui, bien que porteur d'un sens connu et consensuel (mais inadapté), permettait de créer des images, un halo de sens assez éloigné de notre bonne petite réalité.

J'ai tenté de régler un différend entre un triangle et Pythagore, me suis mis dans la peau d'un minuscule insecte, ai chamboulé la marche du temps, ai aidé un lapin à dire ses premiers mots, joué avec l'infini, bref je me suis amusé. Mais toujours, j'ai tenté de laisser un sens caché à tout cela, un peu de science, un peu de philo, un soupçon de ci et de ça qu'il ne tiendra qu'à toi de découvrir. Et sur ma lancée, je me suis dit que certains textes bien connus auraient besoin d'un petit coup de dépoussiérage alors j'ai eu quelques prises de bec avec certains contes de Perrault et quelques fables du bon Jean de la Fontaine ! …

Bon, voilà déjà quelques pages que je me prends la tête et que je te la prends aussi, alors amuse-toi avec ces histoire

La bulle

La première chose qu'il fit fut de lever les yeux vers le ciel. Il faut dire qu'il avait de bonnes raisons pour ça... Tout ce qui était irritant dans sa vie lui venait de là-haut ! C'est de là que tombait la pluie, c'est de là que provenait la neige. Quand un arbre s'abattait, c'est de là que ça partait. Les gros grêlons qui lui déchiraient le crâne arrivaient tout droit – et vite – de là-haut... Il semblait bien en effet que le ciel était constamment en train de lui tomber sur la tête ! Il y avait bien le soleil qui lui réchauffait la couenne, mais il n'était pas toujours au rendez-vous et parfois... Non, n'anticipons pas, il ne savait pas encore que c'était la chaleur du soleil qui lui grillait la peau. Savait-il d'ailleurs que c'était... le soleil ? N'empêche que cette chose brillante accomplissait, là-haut, de sérieuses prouesses : un moment il était là, un autre moment et il était là-bas, de l'autre côté, juste avant de n'être plus nulle part jusqu'à ce que, pouf, il se remonte le nez là où il avait commencé son cirque. Remplacé, quand il était autre part, par de tout petits bouts de lumière qui ne permettaient même pas de voir où on mettait ses pieds ! Un peu comme s'il s'était émietté dans le grand truc noir qui s'étendait…là-haut ! Sans compter les fois où il s'éteignait en plein milieu de son spectacle… On ne parlera pas non plus de cet autre lumignon, tantôt là, tantôt là-bas, des fois en compagnie du soleil, des fois pas… Rond, pointu à droite, pointu à gauche… Incapable de se décider.

Ensuite, même pour des neurones non encore rompus à ce genre de connexions, il était clair qu'il y avait un endroit où tout atterrissait. Un endroit plat et dur, facile à appréhender, bien défini, qu'il pouvait toucher, sur quoi il pouvait s'allonger… Le reste, c'était «au-dessus » et il n'était pas facile de voir où ça s'arrêtait ! Il y avait toutes ces choses qu'il pouvait toucher, qu'il pouvait connaître et puis il y avait tout le reste que sa main n'arrivait pas à saisir. Son esprit non plus…

Lui-même, d'ailleurs, s'élevait assez loin au-dessus, vers le haut, vers le ciel. Debout sur ses pattes, toujours à moitié en équilibre, prêt à tomber à chaque pas qui était heureusement suivi d'un autre, il ne savait pas pourquoi il s'était retrouvé, un beau jour, avec la tête plus près des étoiles. Ce n'était certainement pas, comme pour sa copine la girafe, pour lui permettre d'aller manger les feuilles en haut des arbres. Il avait horreur des feuilles qui lui donnaient des brûlures d'estomac ! Certes, être sur deux pattes lui permettait de voir un peu plus loin…

C'est malgré tout vers le haut qu'il se mit à regarder !

C'était beau et bleu. Et, vu d'un plancher des aurochs plat et solide, il est vrai que ça semblait être joliment arrondi. Comme l'intérieur d'une grosse boule avec tout un tas de petites gommettes collées dessus la nuit, une grooosse gommette le jour. Il y avait bien les fois où tout devenait tout gris et où il fallait se planquer car ces jours-là il finissait toujours par y avoir quelque chose qui tombait ! De là-haut !

Très occupé à tenter d'y comprendre quelque chose, il se prit les pieds dans une racine qui, elle aussi, tentait de s'élever au-dessus de sa condition, et s'affala. Lui aussi tombait de haut ! N'empêche qu'il se releva, s'assit sur une souche pour plus de sécurité, et attendit, le nez en l'air, qu'une idée fasse comme tout le reste : dégringole du ciel. Ce qu'elle ne tarda pas trop à faire. Ayant passé la nuit des temps à regarder comment ça se passait, il crut comprendre que tout cela tournait : on commence avec le regard à gauche, puis ça monte et puis ça redescend de l'autre côté et on finit avec le regard à droite. Il lui fallut quelques semaines pour comprendre que quand il se retournait, c'était le contraire. ... Oui, on commence à droite et on finit à gauche !... Et si on change encore de position, ça commence devant et ça finit... Bon.

Cela était donc réglé ; il était assis sur sa souche, et tout tournait autour de lui. Rien que ça !

Et cela marchait tout à fait bien. Il était content et rassuré, il se sentait important, il était à l'abri dans sa bulle pleine de gommettes. La pluie et ses acolytes pouvaient bien tomber sur lui de temps en temps, c'était seulement pour le narguer. La vérité était ailleurs. Et il continua à regarder en l'air. C'était tout de même diablement loin, tout cela. Surtout que, sans l'avis de la municipalité, s'y était installé un Dieu qui était encore plus loin, lui, et qui s'amusait avec la boule, qui regardait cela de très haut ! ...De très haut !... Alors, il commença à se demander jusqu'où il devrait aller pour pouvoir toucher ! Pour pouvoir aller toucher Dieu. Et il passa de plus en plus de temps le nez en l'air, les mains dressées vers le ciel, ses pensées accrochées à la voûte céleste, ses prières pointées vers le zénith. Tout cela était vraiment très loin. Certes, il était bien toujours niché au centre de tout, mais au fond, il ne savait pas ce qu'il y faisait, pourquoi il y était. En fait, il ne savait même pas qui il était ! Savait-il même s'il était ?...

Alors, il continua de chercher la réponse là-haut. L'ennui, c'est qu'au fond, il n'était pas vraiment certain de la question.

C'est tout de même curieux, cette idée, de lever les yeux au ciel quand on a un petit problème avec le pourquoi des choses... Quand on s'est foulé la cheville (probablement parce qu'on ne regardait pas où l'on mettait ses pieds, justement !), c'est la cheville, qu'on regarde ; alors pourquoi regarder là-haut quand on s'est foulé l'âme ? Il faudrait un jour se poser sérieusement la question !

Toujours est-il qu'il trouvait ça bien de chercher là-haut. Jusqu'à ce qu'un jour lui vienne l'envie saugrenue de s'exclamer : « Et pourtant, elle tourne ! ». Quelle idée, je vous assure ! Surtout que ça ne répondait pas vraiment aux questions qu'il ne se posait pas. « Et pourtant, elle tourne ! ». Avant, il était tout seul, mais tout seul au centre de sa boule, bien au chaud, et tout le tremblement tournait autour de lui. C'était déjà ça de gagné ! Il n'était pas bien gros, mais il se sentait important. L'autour donnait l'impression de s'intéresser à lui. Dieu l'avait mis là, au centre, et il avait tout attaché à lui, le lumignon du jour, celui de la nuit et toutes les gommettes…

Maintenant, non seulement il était toujours tout seul, mais en plus, c'est lui qui tournoyait comme un fou dans ce « tout » qui le regardait s'agiter! Un peu comme un ballon de baudruche qui se dégonfle, ce qui est nettement moins respectable.

Il se mit par la même occasion en conflit avec Son Patron qui prit très mal la chose, trouvant tout à fait insupportable qu'on joue ainsi avec les règles de Son Monopoly ! Enfin, bon, elle tournait… Ce qui ne résolvait strictement rien puisque, non seulement cette idée maltraitait singulièrement son cocon, mais qu'en plus elle ne répondait toujours à rien et poussait même le vice jusqu'à poser des questions annexes…

Elle tournait.

Il continua de regarder en l'air. Et cette jolie boule toute lisse sur laquelle tout était collé commença à lui jouer des tours. Les gommettes… se déplaçaient… Et il y en avait qui étaient plus… loin que les autres… La grosse boule qui l'abritait fuyait de toutes parts, ce qu'il croyait pouvoir presque atteindre reculait au fur et à mesure qu'il s'en approchait… Ce qui reculait d'autant – sinon de plus – la distance qui le séparait de « là-haut ». Son idée de « là-haut » qui en avait pris un sérieux coup dans l'aile ! Il avait bien été forcé d'admettre, sur sa lancée que son « là-haut » était aussi « l'en bas » de toute une floppée
10

de ses compagnons, puisque tout ça était rond, qu'il y avait de tout partout... Mais bon, il continua de regarder en haut parce que c'était tout de même plus pratique - malgré les risques de se prendre les pieds dans une racine - que de regarder en bas. Il y avait plus de place pour incruster son regard, il semblait y avoir plus de choses à voir.

Parce qu'il ne faut pas oublier de dire que malgré les incidents de parcours et même s'il ne le savait pas vraiment, il ne s'était jamais départi de l'idée que c'était lui qu'il voulait trouver : qui il était, où il était, qu'est-ce qu'il faisait ici-bas, et peut-être, les jours de grand optimisme, pourquoi il était là. Alors il continua de regarder au-delà. Et, comme il devenait de plus en plus malin, plus il regardait, plus il voyait. Plus il cherchait, plus il trouvait. Tout ce qu'il croyait voir, il le voyait. Tout ce qu'il voulait découvrir, il finissait par le trouver. Plus loin, toujours plus loin... Ce qui germait dans sa tête germait en même temps tout là-bas. Il était toujours là, au centre de ses pensées et la bulle s'élargissait tous les jours autour de lui, se remplissait chaque jour de découvertes nouvelles. Il commençait à se sentir à l'aise dans l'infini.

Il faut dire que là, il a commencé à laisser bon nombre de ses copains en plan, parce qu'un trou noir, une galaxie ou un quasar, vus du balcon d'une HLM, ce n'est pas facile à concevoir. La rougeole du petit dernier et la facture de téléphone sont tout de même plus faciles à appréhender que l'implosion d'une galaxie, même si, du moins sur le moment, la maladie est dure à avaler ! Il a donc bien fallu, pour vous et moi, faire confiance aux plus malins, à la décharge de qui il faut bien dire qu'il y avait une certaine logique dans tout ce qu'ils avançaient. N'empêche qu'il n'est pas aisé de se retrouver dans un trou noir. Surtout dans un trou noir ! Et cela qu'on soit savant ou non.

Et puis un jour, il était arrivé à voir tellement loin... Il avait compris que plus ce qu'il voyait était loin, plus c'était avant. Il voyait aujourd'hui ce qui s'était passé des éternités plus tôt. Et ce n'était guère facile de réaliser que l'on ne peut jamais voir ce qui se passe maintenant sur ce qui est très loin. En fait, on ne peut même jamais voir vraiment maintenant que ce qui est en soi. Il aurait pu arrêter là son travail de recherche, se mettre à vivre sa vie en se disant que puisqu'il n'aurait jamais le temps matériel d'aller y voir de plus près, il ferait aussi bien de profiter de sa retraite. Mais il continua, convaincu qu'il allait réussir. Alors il pensa une machine qui pourrait voir si extraordinairement loin qu'il pourrait enfin tout voir, tout ce qui s'était passé avant lui… TOUT ! La machine était là, pointée vers l'au-delà. Anxieux, il y mit son œil et, ébloui, il vit… le commencement. La première lumière, la lumière dans laquelle il était lui-même né. Il était ici et il était là, aujourd'hui et hier, tout près et si loin. Il triomphait, il avait réussi à percer le secret du temps ; l'homme avait trouvé l'homme ! Et puis, petit à petit sa joie s'éteignit, petit à petit, il commença à comprendre… Il était ici, seul, prisonnier d'une bulle qui de tous les points de sa surface, lui reflétait son image. Où qu'elle soit pointée, sa machine lui renvoyait l'image de sa déconvenue…

Le télescope lui avait réservé une surprise bien désagréable, il se rabattit donc sur son microscope. Un jour, tout de même, il se dit qu'au-delà était fort intéressant mais qu'en deçà pourrait peut-être apporter quelque ébauche de réponse (à une question, ne l'oublions pas, qui n'était toujours pas vraiment claire !). Alors il regarda en bas et, tout en continuant de s'élancer vers le fond du ciel, il se mit à plonger vers le fond de la matière. Il se mit de grosses lunettes et, aussi loin qu'il était allé vers le haut, il descendit vers le bas. « Père, cherchez en-haut, père cherchez en-bas ! » aurait-il pu dire. Il était là, debout au milieu, tout et rien d'un côté, rien et tout de l'autre. Avant, sur sa terre plate, il pouvait au moins se dire qu'il était posé quelque part, mais là… Ni ici, ni là, ni à gauche ni à droite, ni nulle part… Le sol sur lequel il avait passé des siècles tranquilles commençait sérieusement à perdre de sa certitude, et, s'il se mettait vraiment à y penser, de sa substance qui se transformait irrémédiablement en un grand vide… Et il n'était guère plus avancé sur le où, ni sur le quand, ni surtout sur le pourquoi… Quelques idées sur le comment, mais guère plus !

Et tout en gardant un regard bienveillant sur sa lointaine naissance, il plongea encore plus avant dans le gouffre de sa propre substance. Il s'aventura toujours plus loin dans ce qui était toujours plus près. Il coupa, scinda, désintégra, disséqua, décomposa, disloqua, morcela, pulvérisa, toujours plus petit, toujours multiple… Alors il pensa une machine qui pourrait voir si extraordinairement près qu'il pourrait enfin tout voir, tout ce qui se passait en lui… La machine était là, pointée vers l'en-deçà. Anxieux, il y mit son œil et, ébloui, il vit… le commencement. La particule primordiale, la particule originelle, celle qui possédait la mémoire future de TOUTE son histoire…

Il était là-bas aussi bien qu'ici, aujourd'hui aussi bien qu'hier. Son passé tenait dans le souffle de la pointe d'une aiguille, son passé tenait dans la totalité de l'univers. Où qu'il regarde il ne voyait que lui…

Oh, il s'était certes trouvé !… Il avait trouvé son corps, il avait trouvé son voisin, il avait trouvé le chien de la voisine, il avait trouvé les arbres, les roches, les montagnes, les atomes, les radiations, l'eau, les rivières, la politique, le pouvoir, la peur, les douleurs, la tristesse, il avait tout trouvé, tout, tout, absolument tout… Mais il n'avait pas trouvé son âme ! Il ne savait plus s'il devait pleurer de joie ou mourir de désespoir.

****

Le cabinet était tendu de soie pourpre brodée. Quelques bougies diffusaient une clarté intime et paisible. D'une vitrine de palissandre, quelques statuettes antiques observaient le temps. Les mains posées à plat sur sa table couverte de brocart, Madame Thalma était perdue dans la contemplation de sa boule de cristal. Il y avait bien longtemps qu'elle avait reconnu le petit homme qui tentait vainement d'y trouver du sens. Elle avait longtemps cherché comment elle pourrait le délivrer du carcan de son miroir, mais elle avait compris que la seule solution aurait été de l'en sortir, comme on sortirait un poisson de son bocal, et de le poser sur l'étoffe de soie. Elle savait que l'issue bien que luminuese, lui aurait été fatale.

Alors, chaque jour, elle plongeait dans le secret de sa boule et, avec doucuer, libérait le prisonnier d'un petit peu du fardeau de son espoir.

La table en tôle peinte en bleu
qui passait l'été au milieu du jardin…

Jordy atterrit en catastrophe, les six fers en l'air et les antennes en bataille, au beau milieu de la table en tôle peinte en bleu qui passait l'été au milieu le jardin. En fait, Jordy ne savait pas qu'il s'appelait Jordy. Personne ne l'avait jamais appelé, personne ne savait même qu'il s'appelait ainsi, ni ses frères, ni ses lointains cousins, ni même ses proches cousins. Il n'avait même jamais vu ses parents, c'est pour vous dire ! Disons qu'il ne savait même pas qu'il s'appelait. Il ne s'appelait même pas ! Mais les humains sont affectés de cette tare rédhibitoire qui les oblige à appeler les choses pour qu'elles existent ! Alors pour la meilleure compréhension de cette histoire nous l'appellerons Jordy. Voilà !

Donc Jordy atterrit en catastrophe, les six fers en l'air et les antennes en bataille, au beau milieu de la table en tôle peinte en bleu qui passait l'été au milieu du jardin. Un peu étourdi, les ailes douloureuses, il gigota des pattes pour se remettre à l'endroit…

Il faut dire qu'il aurait été bien en mal de réaliser que ce sur quoi il avait atterri était une table !... C'était tout au plus une vaste étendue qui se perdait au-delà de l'horizon. Plat à droite, plat à gauche, plat devant et derrière… Enfin plat en gros car la surface en était tout de même irrégulière, boursouflée ici et là, traversée de rigoles, semée de cratères...

Il se remit donc à l'endroit, lissa une aile qui avait été légèrement froissée, et se mit à syntoniser ses antennes.

Encore que «plat» n'ait eu pour lui aucune signification. Ça n'avait en effet aucune importance que les choses fussent plates ou autrement ; il atterrissait là où il pouvait et les qualités de la surface réceptrice étaient son dernier souci... Disons que dans la circonstance, il était arrivé sur une «terre» plate dont il ne voyait pas les limites et sur laquelle, peut-être, il allait découvrir son Amérique.

Il était donc sur la table en tôle peinte en bleu en train de réajuster ses antennes dont une, il faut bien le dire, avait été légèrement endommagée lorsqu'il avait attabli. De sa patte avant droite, elle aussi un peu endolorie, il commença à la lisser.

Il faut dire que pour lui, la table - sa terre - n'était pas vraiment bleue. Pour une raison toute simple : il ne voyait pas le bleu ! (On pourrait même dire que, dans la circonstance, en ce qui le concernait, il n'y avait même pas de table. Il était posé sur quelque chose et c'était déjà drôlement bien). Eut-il même eu la possibilité de dire quoi que ce soit, il n'aurait même pas pu dire que sa terre était bleue. Elle rayonnait quelques vibrations que ses drôles d'yeux percevaient. Mais, au fond, qu'elle soit bleue, rouge ou marron, il s'en fichait pas mal ! En fait, il ne savait pas qu'il s'en fichait!... Il se fichait bien de savoir qu'il s'en fichait.

Et donc, au beau milieu de sa table, il finit par remettre de l'ordre dans sa radio. Il recompta ses pattes pour s'assurer qu'il n'en avait pas perdu un bout ici ou là. Quoiqu'il soit parfaitement capable d'assurer avec une patte ou deux en moins ! «Faut faire avec ce qu'on a !» se fut-il dit en cas de patte manquante. Entre vous et moi, il ne se serait même rien dit...

En fait, il n'avait pas la moindre idée de ce que pouvait bien être ce milieu dont nous parlons depuis un moment déjà. Comment diable aurait-il pu imaginer un milieu à ce vaste espace ni bleu ni rien dont il n'imaginait pas les limites. Quand on est au milieu de quelque chose, c'est qu'il y en a autant devant que derrière, à gauche qu'à droite, et pourquoi pas au-dessus qu'au-dessous. Quand on a les antennes comme ça à raz du plancher, essayez donc de savoir si vous êtes vraiment au milieu de quelque chose ! Quant à penser que ce milieu illusoire pût être beau !

Bref, toujours est-il qu'il était là, à se remettre en forme sur la table du jardin. Ses perceptions reprenaient la précision voulue. Il décida qu'il allait faire quelques pas vers plus loin. Encore qu'il ne décidât rien du tout. Il n'avait ni patron, ni administration, ni hiérarchie, ni échéancier, ni personne à qui il devait prouver quoi que ce soit, ni rendre des comptes, il n'avait donc pas vraiment à jouer à celui qui décide. Pourquoi d'ailleurs eut-il dû décider de quoi que ce soit alors que tout ce qu'il avait à faire était de vivre ?… Disons qu'il allait avancer.

Il est important de signaler à ce moment de notre propos que pour lui, le jardin n'existait absolument pas. Du moins en tant que jardin. Espace, peut-être peuplé de rayonnement et où flottaient des phéromones. Espace dans lequel il allait devoir rencontrer celle qu'il cherchait et qui était peut-être tout près de lui à un autre beau milieu de la table en tôle peinte en bleu qui passait l'été dans le jardin. Et voilà qu'on ne sait même plus du milieu de quoi on parle…

Il se mit donc à avancer.

Il ne cherchait même pas, d'ailleurs ! Quand on cherche c'est qu'on a une intention, un projet, un objectif. Jordy lui n'avait qu'une chose à faire : vivre sa vie. C'est simple, non ? Et vivre, c'est se nourrir et faire des bébés ! Manger on y arrive toujours, quant aux bébés, s'il se trouve que sa compagne se trouve là où ses toutes petites ailes peuvent le mener, c'est tout bon. Sinon, eh bien…

Il faut tout de même préciser que pour lui l'été ne signifiait pas grand-chose. Il aurait eu l'air fin d'atterrir au beau milieu de la table au beau milieu de l'hiver ! En ce qui le concernait, c'était bien plus simple : il était en été ou bien il n'était pas ! Quant à "passer" l'été… Quand on n'est même pas en mesure de voir les bords de la table bleue, comment diable peut-on imaginer les bords de l'été. Alors, que la table passe l'été dans le jardin ou qu'elle n'y reste qu'un mois, pffu !

Ses petites pattes commencèrent leur ritournelle, un, deux, trois, un, deux, trois, en bon ordre, deux par deux en symétrie. Il tentait de ne pas se blesser aux rochers de poussière et aux galets de pollen qui jonchaient la peinture. Il allait bon train.

C'est à dire qu'il allait bon train pour lui et pour les autres drôles de bestioles qu'il croisait sans les reconnaître. Comment d'ailleurs les eut-il reconnues ? Mais pour les deux énormes yeux qui le regardaient de là-haut, il bougeottait à peine. Parce que quelqu'un le regardait, là-haut, et se demandait où diable pouvait bien aller ce petit mouchicule ! On se perd en conjecture sur ce qu'aurait pu penser Jordy eut-il pris conscience du fait qu'il était observé. On en sait qui ses sont inventé des histoires absolument stupéfiantes !... C'est vrai ça ! Un être qui lui était invisible, là-haut dans un ciel dont il ne voyait que quelques indices, le regardait et s'interrogeait sur le but de son voyage. On en frémit. Mais bon, il n'y avait pas pensé et tout était bien, il pouvait continuer son minuscule bonhomme de chemin dans la sérénité...

A un moment, le sol sur lequel il progressait se mit à descendre en une courbe bien régulière (Jordy ne savait pas ce qu'était une courbe ; ouf!). Il s'arrêta. Au bord d'un trou sans fond. Il y avait un trou au beau milieu de sa terre bleue ! Enfin, milieu, nous savons qu'en penser... Rien sous le trou! Comme un autre ciel qui traînait là-bas, en bas, avec d'autres rayonnements... Une terre plate avec un ciel au-dessus et un ciel au-dessous... Il faut dire que pour un Jordy qui pouvait se balader au plafond aussi bien que sur le plancher des vaches, haut et bas n'avaient pas vraiment de signification. Heureusement, Jordy n'y pensa pas. Il regarda ce trou qui, bien que gigantesque, était tout de même perceptible... C'était un trou qui aurait pu être circulaire Jordy eut-il eu une idée même vague du cercle. Et de ce trou s'élançait vers le ciel d'en haut aussi bien que vers le ciel d'en bas un gigantesque cylindre blanc, brillant. Un cylindre ? Mon dieu, un... cylindre ? Il semblait se perdre totalement dans le ciel d'en bas mais il pouvait voir que cette monumentale lance se plantait dans le ciel d'en haut et qu'elle l'avait en quelque sorte fêlé en une douzaine de quartiers alternativement verts et blancs. Et ce qui était plus étonnant encore, c'est que ce ciel semblait avoir une limite, loin, loin. C'était comme un grand cercle, une sorte de galaxie en quartiers verts et blancs.

Là, Jordy fut nettement impressionné. Il n'avait jamais vu ciel d'en haut si joli.

N'oublions pas que le vert et le blanc ne représentaient absolument rien pour lui, que le cercle et la galaxie n'étaient que des folleries d'un autre espace-temps, et qu'il ne lui était jamais venu à l'esprit que des choses pussent être jolies. Mais bon, il nous faut bien raconter cette histoire avec des mots que nous comprenons vous et moi, alors cessons ces interruptions un peu gênantes, compris?

Mais là, malgré tout, malgré le fait que Jordy n'ait été qu'une toute petite bestiole, il fut vraiment troublé et, sans savoir ce qui lui arrivait, il se mit à parler. Oui, à parler, de cette petite voix fluette que son petit corps fluet voulait bien émettre.

«Comme c'est grand, admira-t-il, nous sommes vraiment peu de choses!»

Mais ce qui l'étonna le plus, ce n'était pas tellement le fait qu'il se soit mis à penser et à parler, mais plutôt qu'il ait dit ce qu'il avait dit. Et surtout ce qu'il allait dire !

«Eh, ho ! Doucement! Faudrait tout de même pas me prendre pour plus négligeable que je suis. Je fais mon truc, moi, c'est un petit truc, certes, mais c'est un truc tout de même. Si je n'étais pas là, les choses seraient différentes ! Pas très différentes, certes, mais différentes tout de même… Alors petit, oui, mais peu de choses, ah, non, alors!»

Il avait dressé son torse sur son frêle abdomen et s'était mis, dans une posture de défiance, quatre pattes sur les hanches. Ce qui faillit le faire tomber car on sait qu'une petite bête comme Jordy a du mal à se tenir en équilibre sur deux pattes (surtout lorsqu'il s'agit d'une patte avant droite et d'une patte arrière gauche !). Alors, ne sachant plus exactement vers quel ciel élever sa complainte il ajouta :

«Si, pour la première pensée que je fabrique, il m'en vient une aussi idiote que celle-ci, je fais aussi bien d'arrêter de penser. Na !»

Ce que.

Il reprit alors son périple sur la table en tôle peinte en bleu qui passait l'été au milieu du jardin - en ayant pris soin de contourner le gouffre - et attendit qu'un autre coup de vent l'emporte vers d'autres cieux. En fait, il "n'attendit" rien du tout. Il était simplement là et la brise, à qui il donnerait un petit coup de pouce avec ses petites ailes, allait faire son truc ! Il n'y avait aucun doute à ce sujet. Le monde était tout à lui et il était tout au monde, il n'avait aucune raison de douter, il n'avait rien à craindre… Il savait maintenant qu'aussi petit et insignifiant qu'il pût être, il était indispensable à l'équilibre des choses. Il savait que tout irait bien.

Heureusement, il ne savait pas qu'il savait !

Les étoiles du berger

Les étoiles ? Tu penses bien que je les connais ! Elles ne me quittent pas. La nuit, c'est avec elles que je dors. Mais comment veux-tu que je sache si celle que je regarde c'est… comment dis-tu ? …

…

Oui, c'est ça, une naine blanche ou un quasar… Ou même une galaxie ! Moi, ce que je vois, c'est de petites lumières, là-haut. Il y en a qui sont un peu plus brillantes que d'autres. Elles scintillent… Elles me font de l'œil ! Oh, ça, c'est sûr, elles sont loin, et je suis pas près de pouvoir en décrocher une pour éclairer la jasse !…

…

Oui, des années-lumière, tu te rends compte, petit ! Déjà que ma vieille totoche elle a bien du mal à dépasser le cent à l'heure ! Alors, … à combien tu dis qu'elle va, la lumière ?

…

C'est ça, oui, 300 000 km !… En une seconde ! Et pendant une année et peut-être même des millions d'années ! Ça vous fait froid dans le

dos !…Tu arrives à te faire une vraie idée d'une distance pareille, toi,
D'une vitesse pareille… Et moi qui ne vois que mes collines… Ce qui
ne veut pas dire que je ne voyage pas, attention ! Oh, mais je te crois.
C'est seulement que moi, je n'arrive même pas à imaginer une vitesse
pareille… Je ne vois même pas comment on peut la mesurer!

…

Oui, tu as raison, je peux imaginer… Mais je peux aussi imaginer que
je suis riche ou que j'ai encore vingt ans ! Ça veut pas dire que c'est la
vérité…

…

Et puis je ne vois pas comment je peux dire que celle-ci est plus grosse
ou que celle-là est plus loin… Tiens, je sais même que la plus
brillante, celle que je vois la première, le soir, c'est même pas une
étoile ! Dans tout le grand fatras, elle n'est pas plus grosse qu'une
crotte de brebis et pourtant elle brille plus que les autres qui sont
tellement plus grosses…Tu veux me faire croire que les plus grosses
lumières sont parfois les plus petites étoiles !… Et le pire, c'est que je
te crois ! Et attention, hein, je suis pas un imbécile, je sais des choses.
Seulement, ce que je sais, c'est pas forcément comme ce que je vois,
c'est tout. Et entre ce que je sais et ce que je peux… toucher, disons, il
y a tout de même un grand trou, non ? Mais je te crois… Peut-être
que tu les as vraiment vues, comme ça, l'une derrière l'autre, tu as
peut-être vu qu'une qui est toute seule peut en vérité être plusieurs…
Mais moi, sur le Causse, je n'en vois qu'une… Alors il y en a une ou il
y en a plusieurs ?…

…

Enfin, tu les as vues ou tu as cru les voir ! Ou tu as voulu les voir !
Parce que, faut pas rigoler, hein, c'est tes machines qui les ont vues !

…

Mais faut pas te fâcher, moi aussi je sais bien que c'est pas tout plat là-
haut. Et je sais même que c'est pas forcément là-haut, que c'est plutôt

là-bas. Ha, c'est drôle, ça, tu ne trouves pas : là-haut, là-bas, « haut – bas » et là-bas qui n'est pas le contraire de là-haut ! Mais bon, tu vois ce que je veux dire. Mais tout de même, il faut être bien fort pour croire toutes ces choses que tu ne vois pas…

…

Enfin, elles sont vraies, ces choses, elles sont vraies, …c'est toi qui le dis. Et ce que tu me dis, moi, eh bien, je le vois pas. Alors je te crois. Je suis bien obligé de te croire ! En fait, je n'y suis pas du tout obligé, disons que, peut-être, que j'ai… envie de te croire ! Je suis prêt à croire que tu as vu des choses qui ne se voient pas ! Je te fais confiance ! Tu te rends compte ?…

…

Oui, c'est peut-être pour ça que je te fais confiance ! Ça a l'air logique, ce que tu me dis. Tes preuves sont assez convaincantes. Mais ça, c'est seulement si on veut bien rentrer dans ton jeu.

…

L'esprit scientifique, c'est ça… Mais il y en a qui ne sont pas forcément d'accord, qui pensent pas comme toi et qui n'ont peut-être pas tort… Mais bon, je te dis que je te fais confiance, que je suis prêt à jouer avec toi !…

…

Mais non, je m'amuse en ta compagnie… Vas-y continue, continue de tester ma tête de cochon ! Va pour les étoiles, trouve-moi autre chose…

…

Tu ne vas tout de même pas me faire gober que tu as vu, de tes yeux vu, des atomes ? C'est quand même bien une machine qui a vu ça pour toi, non ? C'est bien des mathématiques qui te les racontent, ces atomes, non ? Ils sont dans ta tête, pour sûr. Mais je ne nie pas qu'ils soient là, devant mon nez, aussi. Je te dis, je suis prêt à te croire, alors ne monte pas sur tes grands chevaux. Et d'ailleurs, il y en a tout un tas qui sont prêts à te croire aussi…

…

C'est vrai, c'est vrai… Si tu veux, c'est vrai ! Mais il faut tout de même que tu te rendes compte que ton vrai à toi, il marche pas comme le mien ! Tu ne… vois pas la même chose que moi. Tiens, mes collines, je suis bien sûr que tu ne les vois pas comme je les vois…

…

Eh, attends, là ! Je ne te dis pas que ça ne marche pas, non, je te dis seulement que tu n'as pas VU tes atomes. Tu « sais » qu'ils existent, tu « crois » qu'il y en a partout, mais toi, tout seul, avec tes yeux, tu ne les as pas vus plus que moi. Moi, des atomes, je n'en vois que les cardabelles, les gentianes, les campanules et l'herbe qui est bonne pour mes brebis ! Et puis, je ne suis même pas sûr si ce sont des atomes ou des … attends, des molécules, c'est ça, des molécules !

…

Oui, oui, je sais tout ça. Enfin, je sais, je sais,… je te crois. Je le sais, oui, mais c'est ma tête qui le sait, pas le reste ! C'est mon petit monde… virtuel, c'est comme ça qu'on dit : virtuel ? Toi, tu construis des trucs avec tes maths et tu colles mes trucs à moi dedans. Tu les bidouilles, tu les tortilles, tu en fais des courbes et des graphiques…

…

Oh, tu sais, la géométrie, moi !…

…

Ça, c'est ta géométrie à toi. La mienne, elle est bien plus jolie. Elle est verte au printemps, avec des points roses et jaunes, elle ondule, il y pousse de l'herbe quand la saison est bonne… Moi, les lignes droites, je les ai surtout rencontrées à l'école. Depuis, je dois dire que j'en ai pas vu beaucoup. Peut-être la ligne blanche de la route que je dois traverser. La ligne courbe des fils électriques… Des triangles sur les

24

pylônes…

…

Mais si je me souviens bien, elles sont sans fin, tes lignes, elles sont toutes maigres… Moi, celles que j'ai vues, elles étaient plutôt grassouillettes…

…

C'est bien ce que je te dis, c'est comme ça dans ta tête. Et un peu aussi dans la mienne, des fois, quand je me mets à y penser ! Dans mon petit monde virtuel ! ! !

…

Ah, mais je te le répète, on est bien d'accord, ça marche ! On est allé dans la lune, oui, on a pris des photos de Jupiter… Je te crois. Je te dirais bien, d'ailleurs, que des photos et la vraie surface de Jupiter, c'est tout de même pas la même chose ! Tu fais une sacrée confiance à un bout de papier qu'une machine t'a imprimé avec des petits bouts d'ondes qui te viennent de Dieu sait où, en traversant le vide et qui ont été récoltés par une autre machine dont tu ne sais qu'elle marche que parce qu'elle te le dit et que c'est toi qui l'a faite pour ! Mais bon ! Alors tu ne me raconteras pas que tu sais vraiment ce que c'est qu'un trou noir. Ça t'étonne, hein, que je sache ça ? Enfin, savoir, c'est un bien grand mot… J'en ai entendu parler. Et en surveillant mes bêtes, je me suis fait mes images. C'est beau, un trou noir… Cette chose là-haut qui te mange tout et qui ne grossit même pas ! Ta mère, elle aurait bien aimé ça, être un trou noir ! ! !

…

Non, non, non, Petit, tu y crois, rien de plus !

…

Mais oui, tu me fatigues avec ton « ça marche », mais oui tu as obtenu toutes les preuves que tu voulais en allant chercher autre part, avec une autre machine… Et ce que tu trouves là-haut – non, là-bas – ça montre que tu as peut-être raison de croire ce que tu crois. Mais rappelle-toi bien qu'avant ils croyaient bien autre chose. Et que ça marchait pas plus mal pour ça ! Croire n'importe quoi, ça n'a jamais empêché les choses de faire ce qu'elles ont à faire ! Peut-être même qu'il est nécessaire de croire...

...

Ah, ça, c'est certain, tu contrôles tout dans tes laboratoires, tu trouves toutes les preuves dans tes machines. Mais as-tu déjà vu des souris qui VIVENT dans un laboratoire ? Ou s'il y en a qui y vivent, ce ne sont pas celles que tu étudies ; celles qui y vivent vraiment, tu leur offres du fromage sur une trappe.

...

Es-tu vraiment certain que tu n'oublies rien ? Tu reproduis toutes les conditions ? Même celles dont tu ne soupçonnes pas encore qu'elles existent ? Parce que tu le dis toi-même, tu ne sais pas encore tout ! Alors peut-être que dans ton expérience, tu oublies de mettre la goutte de perlimpinpin ou le poil de crapaud qui devrait s'y trouver...

...

Mais il ne faut pas te fâcher... Je ne suis pas en train de dire que tu as tort, que ce sont des fariboles... Tout ce que je te dis, c'est que le monde que tu comprends, ce n'est pas le monde que je vis. Le tien il est dans ta tête, le mien, il est autour de moi. Et pas mal dans ma tête aussi ! Parce que je te rappelle que j'ai, moi aussi, un monde que je comprends même si je ne le vois pas. Et puis, mon univers à moi, tu sais, il tient bien la route, lui aussi... Et au fond du fond, il ne s'oppose pas au tien. Tiens, je vais te dire, j'y crois aussi. Et je suis bien content qu'il y ait des gars comme toi pour nous rassurer un peu sur ce qui se passe quand on n'est pas là pour y faire attention !

...

Mais là, je suis bien d'accord, c'est peut-être exactement le même que le tien. C'est seulement la façon de le voir qui change. Toi, tu veux tout comprendre et moi, je suis peut-être un peu moins gourmand. Et je me demande si c'est pas la volonté d'expliquer qui te fait faire ce que tu fais…Moi, je me contente peut-être de vivre le monde que tu veux expliquer…Et puis, pour tout te dire, je suis moi aussi un peu comme toi. Tu ne crois tout de même pas que je reste là comme un légume à regarder brouter mes brebis sans que rien se passe dans ma tête ? Moi aussi je me demande pourquoi et comment. Moi aussi je trouve des réponses. Mes questions sont peut-être différentes des tiennes mais l'idée est la même. Et ces réponses, il faut bien que j'y croie, sinon j'aurais vite fait d'aller brouter avec mes brebis !

…

Mais mon monde à moi marche aussi bien que le tien ! Et j'aime bien connaître tes réponses à toi aussi. Et je sais bien que ton monde à toi marche. Je sais bien que c'est ton monde qui est allé dans la lune et qui nous fait du drôle de maïs, et qui a fait Dolly – eh, une brebis ! – mais moi aussi je vais dans la lune, moi aussi je sais comment faire pousser du maïs, moi aussi je fais l'agnelage…

…

Mais je n'ai jamais dit que tu avais tort, je dis seulement que tu ne peux pas faire mieux que de CROIRE à ce que tu trouves. Et que ce qui est formidable, justement, c'est qu'il suffit de croire pour que ça marche.

La fourmi rose

Le professeur Slalom Jeremy Ménerlach (tu me le prêtes, s'il te plaît, Pierre Dac ?) était un entomologiste de renom. De grand renom, même. Sa contribution à la recherche dans le domaine occupait plusieurs étagères dans toutes les bibliothèques universitaires du monde. Il était un invité prisé dans les grands colloques internationaux et ses présentations ne se terminaient jamais autrement que dans de longues ovations. Les séminaires qu'il dirigeait étaient courus par tout ce que l'entomologie comptait d'important. Les amphis se remplissaient au moindre murmure de son nom. Il était le seul, l'unique et même les plus jaloux de la profession devaient bien admettre qu'il les dépassait tous.

Ce qui l'avait rendu particulièrement célèbre, c'étaient ses incroyables intuitions immédiatement suivies des expériences les plus élaborées et qui menaient invariablement aux observations les plus fines, aux preuves les plus irréfutables, aux descriptions les plus complètes. Et bien sûr aux publications les plus prestigieuses. Il avait une puissance de travail inégalée, faisait preuve d'un acharnement sans borne quand il s'était mis dans la tête qu'il y avait quelque chose à découvrir. Rien ne pouvait plus le distraire quand il était sur une piste et l'on se souvient avec un sourire indulgent des séminaires qu'il avait omis d'honorer de sa présence, des conférences qu'il avait écourtées pour la simple raison qu'il n'en avait pas encore fini avec l'antenne gauche de ce scarabée, avec les variations de pression dans les vaisseaux lymphatiques de cette étrange phalène. Étrange phalène dont il avait d'ailleurs induit l'existence et qu'il avait finalement découverte après s'être évaporé durant plus d'un an, Dieu sait où dans Dieu sait quelle forêt...

Pour satisfaire son insatiable curiosité, une fois qu'il avait découvert une «victime» à étudier il faisait preuve d'une imagination féroce pour faire avouer au moindre petit bout de mouchicule ses plus intimes secrets. Il n'hésitait pas à les placer dans des situations qui avoisinaient l'impossible, allant souvent jusqu'à oublier que le raffinement des tortures qu'il leur imposait n'avait rien qui ressemblât de près ou de loin aux conditions naturelles familières à la bestiole. Conditions naturelles qu'il lui arrivait, parfois, de trouver contraire à ce qu'il aurait aimé qu'elles fussent !

Il avait même découvert de nouveaux insectes par la seule force de son intuition. Non seulement il étudiait les insectes, mais il les faisait exister !

L'œil droit rivé à l'oculaire de quelque machine à mieux voir, il prenait des notes – en utilisant l'œil gauche – sur tout ce qui se trouvait à portée de sa main. Il écrivait sur des bandes magnétiques, parlait à son crayon, gravait des formules sur son bureau, badigeonnait l'écran de son ordinateur, dessinait sur ses manchettes... Les murs de son laboratoire étaient couverts de graphiques, de nombres, de mots et de sauce tomate (il mangeait en travaillant), le sol tapissé de dalles multicolores de «Post-it»... Une ancienne cravate sur laquelle il avait immortalisé sa célèbre hypothèse sur la répulsion que provoque chez la mante religieuse le contact avec la crème glacée menthe/chocolat – hypothèse qui lui avait valu un Doctorat honoris causa de l'Université Laurentienne, au Canada - s'emmêlait autour du pied de son fauteuil en perpétuelle ballade. Des capteurs, des décrypteurs, des échantillonneurs, des oscillateurs, des onduleurs, des calibreurs ronronnaient, cliquaient, bourdonnaient, vrombissaient dans son labo, à la recherche de la moindre onde, du moindre pic, du moindre hiatus. Des torrents de notes sortaient en permanence de l'imprimante et du rouleau de serviettes en papier. La totalité de son énergie était dirigée vers sa recherche, rien ne pouvait le distraire. Il était heureux. Il déroulait le secret caché dans le duvet qui couvrait l'abdomen de l'ichneumon qu'il avait capturé en Papouasie, dans la longueur maximale de l'intestin du maringouin canadien, dans la surface moyenne d'une facette de l'œil du monarque, dans le degré de stress ressenti par un aoûtat soumis à un séjour de 32 secondes dans un environnement saturé de roténone, dans le taux de cancer du poumon dans une colonie particulière de termites découverte à Santa Barbara, Ca. Il savait qu'ainsi, fragment par fragment, il finirait par reconstituer la merveilleuse mélodie de la vie et que, article après article, il pourrait la jouer pour le monde entier.

Sur le plan de sa vie sociale, il était tout aussi célèbre ! Sa présence aux importantes rencontres, aux cocktails et autres fonctions sociales étaient toujours source de sourires. Tout ce qui était hexapode, portait chitine, se parait d'élytres, avait priorité sur quoi que ce soit de bipède primate et placentaire portant smoking. Le plus imperceptible vrombissement d'ailes générait chez lui, quelle que soit la circonstance, les plus folles hypothèses. On l'avait vu à quatre pattes sous la table du buffet à la poursuite d'une coccinelle ayant perdu une antenne ; on avait cru, une inoubliable fois, qu'il dansait, alors qu'il suivait sur le parterre, le nez en l'air, les évolutions gracieuses d'une drosophile. Personne n'avait oublié cette réception où il avait grimpé aux rideaux en lamé à la poursuite d'un pince-oreille, ascension qui avait produit le fameux «Taux d'accélération ascendante du pince-oreille sur des rideaux en lamé dans une salle enfumée. ». Ascension qui l'avait de plus conduit à l'hôpital lorsque l'insecte, se prenant les pattes dans un fil d'or, et peut-être troublé par l'intrusion d'un étranger dans sa vie privée, était retombé au sol suivi par l'entreprenant chercheur. Le plâtre qui maintenait sa jambe, aujourd'hui exposé à l'Université de New Delhi, lui avait permis de bénéficier d'une surface supplémentaire pour écrire ses conclusions… Sa conversation, quoique peu savante dans ces moments informels était néanmoins difficile à suivre, constamment interrompue qu'elle était par le passage inopiné de mouches, moucherons et autres moustiques.

Ses relations féminines étaient de courte durée tant il est rare qu'une femme aime à n'être vue que comme porteuse possible de quelque créature à exosquelette ! Il avait toutefois vécu une histoire d'amour avec une ravissante blonde à l'abdomen particulièrement souple et au torse singulièrement attirant. Ses yeux avaient l'éclat moiré de ceux d'une mante, ses cheveux d'or battaient dans le vent à l'image des ailes d'un papillon, ses mains fines aux ongles carminés s'accrochaient à lui avec la fermeté des griffes d'un scarabée, elle avait une taille de guêpe... Un vrai rêve d'entomologiste. Elle était fascinée par cet homme qui en savait tant sur la nature et était prête à abandonner beaucoup d'elle-même pour le rendre heureux. Elle se plia de bonne grâce à la consommation anecdotique d'abdomens de termites (qui ont un goût d'ananas) et à l'ingestion de bourdons trempés dans du chocolat. Elle accepta de se livrer à des pratiques sexuelles qui touchaient à l'insectueux. Elle était même prête à tolérer les nombreuses absences de ce compagnon qui faisait délirer les foules. Elle le quitta après une terrible colère quand elle découvrit qu'il écrivait un article intitulé : « L'influence de la fréquence de vibration des ailes du moustique sur le comportement sexuel d'une femme de 34 ans de type caucasien. »

Quand il émit l'hypothèse qu'il devait exister, quelque part au monde, des fourmis roses, la communauté scientifique retint son souffle. Pour le néophyte, une telle quête pouvait sembler totalement extravagante et tout à fait inutile. Pour les chercheurs elle n'était pas loin de sembler déraisonnable. Mais avec le professeur Ménerlach, tout était possible et ses collègues décidèrent d'un accord presque commun de mettre leurs sourires en réserve pour l'instant. Aux deux ou trois dissidents qui lui faisaient remarquer qu'il y avait quelque chose de particulièrement ridicule dans le terme fourmi rose lui-même, que cela faisait irrémédiablement penser au célèbre personnage mis en scène par Blake Edwards, il rétorqua que personne ne soulevait même une paupière à la notion des quarks charmants qu'avaient inventés les physiciens ni au fameux attracteur étrange des chaoticiens et qu'il ne voyait pas pourquoi il ne pourrait pas y avoir des fourmis roses. Il y avait des fourmis rouges, des brunes, des blanches, des noires et même des vertes, il y en avait donc des roses. Il ajoutait qu'il avait bien fallu qu'un rêveur un jour imagine un trou noir avant que l'on soit même en mesure d'en détecter la présence. À quoi il ajoutait, en suivant du regard la progression de quelque coléoptère sur le rebord de la fenêtre, que les trous noirs on ne les voyait même pas, qu'on ne les verrait jamais et que ce n'est pas parce qu'on ne voit pas quelque chose que ça n'existe pas, et que lui, il trouverait une fourmi rose, qu'il ne se contenterait pas du simple terme et qu'il en montrerait une au monde entier. Na !

Il savait la nature suffisamment inventive pour lui en avoir posé une quelque part. Il la savait vivante parmi ses congénères, elle ne perdait rien pour attendre. Mais attention, il savait qu'avec une petite manip' génétique, il aurait pu s'en fabriquer une en un rien de temps et même une bleue ou encore une à damier ! Mais il avait un sens très poussé de l'éthique, il ne s'abaisserait pas à ce subterfuge, il avait plus confiance en son intuition qu'en la technologie…

Après ces fortes pensées, il se mit en quête. Après des semaines à bousculer fourmiliers et autres abris à fourmis, semant la panique chez des millions de travailleurs affairés, après des centaines de collectes, après des heures de décompte, d'élimination, de comparaison, d'évaluation, après des kilomètres de papiers sortis de tous les chromato-quelque-choses qu'il avait pu inventer, après des kilomètres parcourus à travers le monde, après que des millions en subventions eurent été dépensés, après… Il en découvrit une.

Rien que celle-là.

Elle n'était certes ni rose comme un bonbon anglais, ni rose comme la robe de la petite fille d'honneur, mais il fallait bien admettre qu'elle n'était ni blanche, ni brune, ni rouge, ni noire, ni rien d'autre. Et le premier qualificatif qui venait aux lèvres quand on la voyait était bien : rose. Pas rose-rose, mais rose tout de même. Rose. C'était une fourmi rose.

Un raz-de-marée de joie le submergea. Il avait non seulement découvert un nouvel insecte, mais il avait aussi prouvé que toute hypothèse, aussi folle puisse-t-elle paraître, valait la peine qu'on tentât de la vérifier. Il ne disait pas qu'il était capable de découvrir tout ce qu'il pourrait imaginer, mais quelque part au fond de lui une petite voix… Il allait atteindre l'apogée de sa carrière avec cette découverte. Il avait, dans la petite boîte d'allumette posée devant lui sur son bureau, le clou de toutes ses recherches. Clou qui, soit dit en passant, renâclait sérieusement dans l'obscurité de sa prison : on a beau être un spécimen unique de fourmi rose, on serait tout de même mieux à se payer une tournée d'acide formique avec les boys au café du coin…

Slalom Jeremy, lui, s'était engouffré dans son travail. Il avait recréé l'environnement de la bestiole dans un coin de son laboratoire et il se mit à la tâche. Il allait éclairer l'humanité de cette ultime petite pièce du grand puzzle. Plus rien ne pouvait le distraire, il avait disparu du monde, annulé ses cours et ses conférences, il mangeait sans s'en rendre compte ce que son assistant déposait devant lui quand il pensait que son patron devait se nourrir, dormait quand… il n'était pas éveillé. Il écrivit, enregistra, mesura, chronométra, évalua, valida, nota, déduisit, induisit, hypothétisa, vérifia, élabora, modifia, échantillonna, intégra, recommença, développa et conclut.

La toute petite bestiole était maintenant devenue un imposant dossier de textes, de photos, de graphiques, de tableaux… Il avait d'ailleurs complètement oublié l'animalcule maintenant empalé sur un cube de polystyrène et enfermé dans un écrin de plastique placé dans un coin d'armoire…

Les yeux exorbités et injectés de sang, les cheveux en bataille, les ongles collant de mayonnaise accumulée, il éteignit les machines qui l'avaient assisté tout au long de ce travail, il posa son stylo, poussa devant lui son clavier, poussa aussi un gros soupir. Il avait fini, il y était arrivé… Dans le rare silence qui s'était installé dans la pièce, il leva ses yeux fatigués afin de reprendre le chemin de la vie. La joie qui transparaissait tout de même au-delà de sa fatigue se transforma lentement en étonnement, puis en inquiétude, puis en horreur…

Il mit quelques moments à se rendre compte de ce qui se passait…

Pendant qu'il mettait toute son énergie à arracher un autre petit secret à la vie, l'univers, lui, en avait profité pour disparaître.

Contact

Ils s'étaient déjà rencontrés à plusieurs reprises dans les couloirs. Nathalie travaillait au bureau de la paye et Simon à celui du personnel. Elle n'était pas très grande, brune et potelée ; il n'était pas très grand non plus, brun et… ordinaire. Ils se saluaient quand ils se rencontraient. Rien de plus. Il ne l'avait pas remarquée. Elle ne l'avait pas remarqué. Elle était pourtant jolie. Il était pourtant agréable à regarder. Mais non, chacun était revêtu de son travail : un collègue saluait une collègue. Cela aurait pu durer ainsi pendant des années.

Ils se trouvent tous les deux dans le même ascenseur, dans l'odeur des sueurs de fin de journée. Le hasard les a mis l'un en face de l'autre. À se toucher. Ils sont contents de se sourire. Il voit ses yeux. Il ne les avait jamais vus avant cet instant. Il ne pourrait pourtant pas dire, lui demanderait-on, de quelle couleur ils sont. En fait, c'est son regard qu'il a vu, pas ses yeux. Il ne sait pas ce qu'elle a remarqué… Elle a vu son sourire. Oh, pas un grand sourire, non, un sourire. Elle ne pourrait pas dessiner le contour de ses lèvres, c'est le sourire qu'elle a vu. Elle ne sait pas qu'il a reçu son regard. C'est curieux comme l'ascenseur s'est vidé sans même que ses passagers en soient descendus. Il y a lui et elle. Pourtant ils ne savent encore ni l'un ni l'autre qu'ils viennent de se rencontrer.

L'ascenseur sursaute, une bouffée d'air un peu moins rance réveille le petit groupe. Le chuintement des pas qui sortent de la cage s'associe aux soupirs de la libération et à quelques conversations qui reprennent. Ils sortent les derniers. Ils ne s'éparpillent pas dans le vaste hall comme le font les autres employés. Quelque chose leur fait faire quelques pas de concert. Ils sont tout près l'un de l'autre. Tous deux regardent la porte à tambour qui découpe des portions de l'air froid du début novembre. Mais, bien qu'ils aient le regard tourné vers la sortie, c'est eux qu'ils voient. Le martèlement discret des souliers à petits talons accompagne le halètement des semelles de crêpe. Pourquoi sont-ils encore ensemble quand le couperet de la porte s'interroge sur la manière dont il va les séparer ?... La décision s'impose, maintenant. Ils se tournent l'un vers l'autre. L'ascenseur déverse le contingent suivant. Une bulle de bruit s'avance vers eux.

—Vous accepteriez de venir prendre un café ou quelque chose avant de rentrer chez vous ?

—Oui, je vous remercie.

Comment cela a-t-il bien pu arriver ? Il ne la connaît pas. Elle n'y avait pas pensé. Pourtant cela paraît tellement évident. Ils se retrouvent finalement tous les deux dans le même godet de la porte et cela les amuse. Leurs mains se sont touchées. Ils sont éjectés dans le vent froid. Il fait vraiment très froid, ce froid pénétrant qui annonce qu'il neigera certainement cette nuit. Mais ils pensent à autre chose. Le froid ne les effleure même pas.

—Il y a un bar, juste au coin, là. Ça vous convient ?

—Bien sûr.

Ils ne se parlent pas. Il ne sait toujours pas la couleur de ses yeux. Une autre porte les rapproche. Elle est lourde et elle lui échappe juste quand il la laisse passer. Petite bousculade. Ils portent en même temps la main à la poignée pour la rattraper. Se touchent de nouveau.

Il n'est jamais entré dans ce bar. Elle non plus. Elle ne va jamais dans les bars. Lui non plus. Ils ôtent le manteau dont ils n'avaient même pas pris soin de tirer la fermeture éclair, comme s'ils avaient su que c'était inutile. Ils s'installent face à face à une petite table au fond de la salle. Autres bruits, autres odeurs qui n'ont pas d'importance. Elle a les yeux d'un joli brun lumineux curieusement pailleté d'or. Il sourit. Bon, ce n'est pas le tout, de quoi va-t-on parler ? Il veut un scotch, elle prend un café. Le rituel-bar s'accomplit sans qu'ils y participent réellement. Il ne dit rien. Elle non plus. Et pourtant tout va bien. Quelque chose se passe. C'est peut-être le simple plaisir d'avoir fini la journée. C'est peut-être autre chose. Ils n'ont pas vu la serveuse déposer la commande sur la table. Si quelqu'un les observait, il noterait la qualité de leur regard et il serait en droit de se demander quand l'action commencerait ! Peut-être cet observateur ne sait pas ce qu'est l'action…

Elle n'attend rien, pour l'instant. Pour l'instant, il se contente de la regarder. Elle est très jolie. Ses yeux brillent. Il continue de lui sourire et pourtant, il n'a pas l'air niais. Il fait tinter les glaçons dans son verre de Scotch, elle fait chanter sa petite cuillère dans sa tasse. Quelle bonne idée ils ont eue.

Et puis, tout d'un coup, sans préavis, mais sans que cela ne les surprenne, la boîte s'ouvre et les voilà partis à parler. De tout, mais surtout de rien. Du patron aux locataires de l'immeuble, des impôts à la circulation, des progrès de la science à la messe dominicale, ils slaloment dans les banalités. Ce qui ne les indispose en aucune façon. Ils s'approprient le son de leurs voix, le mouvement de leurs lèvres, le rituel de leurs gestes, l'éclat de leurs regards… Le contenu ne sert qu'à porter la musique. Ils font tout ce qu'il faut pour ne pas parler de ce qui se passe maintenant, pour ne pas tacher le moment… Il finit son Scotch quand elle finit son café. Ils remettent ça. Elle aime l'entendre, il savoure le son de sa voix. Il a déjà enregistré quelques repères. Elle a mémorisé quelques gestes. Quoi qu'il arrive, ils n'oublieront pas ces premiers morceaux de leur histoire. Même si ce sont les seuls et que l'histoire se termine. Ils ne seront jamais plus pareils après ces quelques instants. L'Histoire, elle, ne se termine jamais ; elle prend des tours différents.

Il se sent bien. Elle n'a pas envie de rentrer chez elle. Alors, ils redoublent de banalités. Il a senti son odeur. Elle pourrait reconnaître son haleine. Il ne sait rien d'elle, elle ne connaît rien de lui et pourtant ils se connaissent déjà intimement. L'heure tourne, mais le temps leur est étranger. Pour une fois qu'ils ont autre chose à faire que de remplir un agenda.

—Bon. On se fait un MacDo ?

—Oui, ce serait marrant.

Son regard brille de plaisir, son sourire redouble. Quelle idée d'aller chez MacDo ! Pourquoi pas des frites sur le pouce au coin de la rue ? Oui, au fond, pourquoi pas… Ils ne vont pas manger, ils veulent seulement faire durer. C'est dans ce sens seulement que le temps est important pour eux. Faire durer l'instant. Faire durer le plaisir. Alors, MacDo ou le Train Bleu, quelle différence sinon pour l'addition ? Il faut avouer qu'attaquer un Burger qui dégouline de partout n'est pas fait pour mettre en valeur un petit tailleur classique gris sur un chemisier lie de vin, mais c'est le moment de contact qu'il faut mettre en valeur…

Les banalités se changent insensiblement en notes plus personnelles. Ce qu'elle fait le dimanche, ce qu'il aime manger, les livres qu'ils lisent, la musique qu'ils écoutent. Mais il n'y a là-dedans rien de bien important. Leurs mots ne sont que comme les taches qu'un peintre pointilliste pose sur sa toile, insignifiants, les simples tuteurs d'une histoire… Ils se rapprochent, c'est tout, un paysage s'ouvre. Puis, cette étape préparatoire terminée, ils abordent leur passé… Un passé qui n'est ni plus ni moins spectaculaire qu'un passé. Il est passé, c'est tout. De toutes façons, ce n'est pas avec du passé que l'on compose un présent et encore moins un avenir et ce n'est pas en se racontant que l'on fait connaissance. Mais surtout pas un mot sur la magie de maintenant. Le burger est juteux, les frites croustillantes, le Coke… comme un Coke.

Ce qui les ravit le plus, mais qu'ils seraient bien incapables de se dire, c'est cet immense confort dans lequel ils se trouvent. Ils sont en sécurité, ils peuvent accrocher leur coquille protectrice aux cintres du vestiaire. Ils sont bien. Ils sont bien ensemble. Et, alors qu'ils se connaissent si peu, comment se fait-il qu'ils se connaissent si bien ? Il aime la voir, elle aime l'entendre. Elle ne lui demande rien, il n'a pas d'exigence. Ça ne leur était jamais arrivé auparavant. Il n'y a pas de contrat, pas d'obligation entre eux et tout à la fois l'inévitabilité d'une durée. Ils seront de nouveau bien, ensemble, plus tard, un autre jour, dans d'autres situations, dans une autre vie peut-être. N'avaient-ils pas, d'ailleurs, déjà vécu ensemble dans une vie préalable : ils se savent si complètement.

L'odeur de la friture finit par devenir gênante même pour les plus absorbés. Ils sortent et décident de faire quelques pas ensemble dans les rues de la ville. Il raccourcit ses pas pendant qu'elle allonge les siens et les voilà repartis dans leur babillage. Faire durer l'instant jusqu'à ce qu'il tombe de fatigue. Ce sera toujours ça de pris. Il ne faut pas laisser s'évaporer de tels moments. Il faut les savourer jusqu'à la dernière goutte. On ne sait pas ce que demain réserve. Il n'est d'ailleurs pas question de demain, mais bien d'aujourd'hui, de maintenant tout de suite. Ils veulent encore mordre dans le sandwich de plaisir qui leur dégouline au coin des lèvres. Alors, ils disent n'importe quoi. Surtout n'importe quoi. La totale liberté.

Elle cherche sa main, la trouve. La saisit. Ils se taisent. La première fois depuis que la machine s'est mise en route quelques heures plus tôt. Le contact est créé. Le vrai. Ils sont passés aux choses sérieuses. Il coule en elle, elle se déverse en lui par les quelques centimètres carrés qui s'étreignent au bout d'une manche de parka en duvet. Maintenant ils font vraiment connaissance. C'est curieux comme il fait moins froid, moins nuit, moins triste dans les rues mal éclairées. Le silence se prolonge. Les mains aspirent tout ce qu'elles peuvent. Les batteries se rechargent. Le téléchargement se poursuit : rien que du Freeware ! Tout est bon à prendre, il n'y a rien qui ne soit intéressant. Ils ne savent plus qu'ils marchent, seuls leurs pas sont au courant.

Pourquoi se remettent-ils à parler ? Peut-être parce qu'on leur a appris qu'il faut remplir l'espace avec des paroles. Mais ainsi on dit vite n'importe quoi... Ce qui ne les dérange nullement dans la mesure où la vraie communication se fait par le bras qu'il a mis sur ses épaules et celui qu'elle a mis autour de sa taille. Deux bras qui se serrent pour parer aux mauvais contacts. La démarche s'en ressent un peu, au début, puis les corps s'habituent et l'unité qu'ils composent dodeline maintenant tant bien que mal dans les rues ensoleillées de cette nuit. Impression de confort total, de sécurité absolue. À la fois le risque et la sérénité. La complexité et le confort. L'extrême simplicité.

Des heures cela a duré. Le futur est venu coller son nez dans ce présent pour leur rappeler... que demain ils travaillent. Enfin, demain!!! Alors ils font ce qu'ils doivent faire. Ils vont se coucher. Chacun chez soi.

Et puis, le lendemain, ça continue. Et le surlendemain et le jour suivant. Les anecdotes s'ajoutent, les pages de leur livre de trésors se tournent. Ils se sont installés dans leur aventure sans en parler. Surtout sans en parler. Ils ont tout évoqué sauf eux. Ils ne savent même plus qu'ils ne se connaissaient pas avant. Il n'y a pas de durée dans leur histoire. Leur relation est, de toute éternité. L'engagement est indiscutable. Un peu comme deux oies sauvages s'apparient. Il n'y a pas besoin d'en parler, c'est dans l'ordre des choses. Il n'y a pas d'autre choix, pas d'autre option. La fidélité, ce contrat social, n'entre pas en ligne de compte. Ils savent.

Ce soir, elle l'invite chez elle. Elle pose en hâte sa parka sur le banc de l'entrée, il fait de même. Pour la première fois, ils s'étreignent. C'est bien facile, ils en ont tellement l'habitude! Leurs lèvres se joignent. Il sait le goût de sa langue, elle sait la chaleur de son haleine. Est-ce vraiment un premier baiser ou la confirmation de tous les précédents ? Ils sirotent un verre de Coca, assis l'un contre l'autre sur le sofa brun du salon. La musique qu'elle aime coule en lui... La coquille de son petit appartement accueille le compagnon avec bienveillance. Ils ne diront jamais qu'ils se sentent bien... Ils le sentent seulement. Et chacun sait que l'autre sait...

Ils ne pensent même pas qu'ils pourraient faire l'amour. En fait ils ne cessent de faire l'amour. Elle s'est allongée sur le sofa brun du salon et a posé ses jambes sur ses cuisses. Il tient son pied dans sa main... De quoi a-t-on besoin de plus ? La totalité passe par ce contact. Et c'est la même chose quand elle pose sa main sur sa poitrine, quand il passe sa main dans ses cheveux, quand leurs hanches se touchent au cinéma, quand il enfouit son visage dans la coupe de son cou et s'approprie son odeur, ou même tout simplement quand ils mangent leur hot dog, quand ils regardent le lac qui étincelle, quand ils comptent les scintillements des lucioles, quand les surprend une giboulée…

Il n'y a plus de doute, plus de question. Ils se sont trouvés… À quoi bon en parler. Alors ils continuent de raconter la vie qui grouille autour d'eux… Musique… Ils s'appliquent à ne rien dire d'important pour ne pas ramener leur histoire dans les griffes du temps. De toutes façons, ils ont déjà vécu tout cela, ils revivront tout cela, ils ont l'éternité dans le creux de leur main.

Quand ils font l'amour, ils n'ont encore rien dit de leur union. Ils n'ont pas parlé d'eux, de leur avenir, des enfants qu'ils auront, de la cérémonie de leur mariage, de la taille de la maison qu'ils s'achèteront, du nombre de voitures qu'ils auront, des lieux où ils passeront leurs vacances… Rien de tout cela n'existe… Ils font l'amour. Elle en avait envie, lui aussi. Au même moment. Alors ils le font. Sans même en parler, comme ça. Le contact total, la communion. Toujours sans un mot. Il sait quoi faire de son corps. Elle sait quoi faire du sien. Il a toujours connu chaque recoin de sa peau, elle a déjà mille fois caressé la sienne… Ils sont tellement proches que même la syntaxe ne peut plus dire qui fait quoi à qui !…

Elle a posé, ce matin comme chaque fois qu'ils se retrouvent, sa main sur sa poitrine : « Je sens ton cœur qui bat ! »

Il a plongé dans son cou : « Tu sens bon ! »

C'est alors qu'une sorte de réflexe atavique lui a commandé de donner… du sens à leur histoire ! Un peu comme si l'homme avait pris le pas sur… l'humain. Tout d'un coup et sans savoir pourquoi il a eu besoin de donner de la substance à ce conte qu'ils vivaient mais dont il lui semblait que sous cette forme il ne pourrait pas le ranger correctement dans sa mémoire. Alors il utilisa l'ennemi, l'empêcheur de tourner en rond mais le seul outil avec quoi il savait donner du sens à tous ces gestes qu'il faisait dans sa vie, il fit appel aux mots…

Alors il lui a dit «je t'aime ».

Sans qu'ils le sachent, encore ni l'un ni l'autre, il venait de briser quelque chose.

Ah-pa ja-gee ba non bwa

La petite maison avait quelque part des allures de cabane des sept nains ! En billots de pin équarris, construite voilà plusieurs décennies par quelque Finlandais à la recherche de son espace vital, elle faisait face à un petit lac autour duquel, par chance, personne encore n'avait jugé bon de construire son refuge des week-ends. Elle était la seule de l'endroit, sa première voisine s'étant installée à deux kilomètres de là, au bord d'un autre petit lac. Un chemin cahoteux de quelques cinq kilomètres y menait dont la qualité rebutait à coup sûr les importuns. Il traversait un bois de maigres bouleaux qui se continuait par une forêt d'épinettes – encore que forêt soit un bien grand mot pour ce qui était plutôt une troupe d'arbres – coupée sur quelques centaines de mètres par un marécage transpercé d'une multitude de squelettes levant leurs branches vers le ciel, signe certain qu'un castor, il n'y avait pas si longtemps, avait lui aussi apprécié la sérénité du lieu et y avait fondé son foyer. Les épinettes faisaient ensuite place à un joli bois de trembles qui descendait jusqu'au lac. C'est là, parmi les trembles, qu'il venait passer le plus clair de son temps.

La maisonnette avait été entièrement construite par son premier maître, avec les arbres de l'endroit qui, depuis, avaient été remplacés par les trembles. Chaque billot, soigneusement ajusté sur le précédent, portait la trace d'un équarrissage à la hache et les queues d'aronde qui formaient les coins, taillées à la main, parfaitement emboîtées, donnaient à la bâtisse, en plus de la rigidité qui lui avait permis de traverser les années, quelque chose qui s'apparentait à une âme. C'est ce qui l'avait le plus séduit dans cet endroit. Non seulement il pourrait y jouir d'une tranquillité absolue, non seulement il était au bord d'un lac, mais en plus, il habiterait le témoin silencieux d'une histoire, l'écrin d'une mémoire. Les fenêtres, peintes en blanc, tranchaient sur le bois noirci par le temps et vraisemblablement aussi par quelques badigeonnages d'huile de vidange.

Une trace dans l'herbe serpentait jusqu'à un dock en bois bientôt vermoulu sur lequel reposait, retourné, un canoë vert. Il n'y avait rien qui ressemblât à une plage et si l'on voulait se baigner, il fallait faire quelques pas dans une rive plutôt vaseuse et qui plongeait très rapidement. Malgré la taille relativement réduite du lac, l'eau était très claire et bien qu'il n'en ait pas encore fait le tour, il se doutait qu'il était alimenté par quelque résurgence et qu'il trouverait peut-être, un jour ou l'autre, le temps ou l'envie de découvrir par où il se déversait. La luxuriance de la végétation rendrait cette exploration difficile ; il attendrait l'automne. Ou l'hiver.

Une espèce de construction tout de guingois servait d'abri à quelques stères de bois. Une autre construction, plus exiguë, presque complètement cachée dans la végétation, vestige d'un lieu d'intimité, tomberait avant longtemps. Une tentative récente de terrasse dont l'extrémité surplombait la pente du terrain de quelques pieds, s'avançait au sortir de la maison. Elle était couverte d'un toit vite bricolé et fermée de moustiquaire afin de protéger des attaques des moustiques les convives qu'une table de pique-nique attendait.

L'intérieur dégageait, aussitôt la porte franchie, une chaleur rustique et accueillante. Cette impression l'avait surpris quand il l'avait visitée. La sensation était immédiate, on était tout de suite bien chez soi. Le confort y était, lui aussi, rustique, mais il y avait l'électricité et, l'aurait-il voulu, il n'aurait eu qu'à brancher son téléphone. Une seule pièce au centre de laquelle un poêle à bois attendait qu'on le sollicite, faisait office de salon, de salle à manger, et de chambre. Le coin à droite en entrant avait été succinctement fermé pour que n'en sortent pas les odeurs de cuisine et à gauche, un carré avait été cloisonné pour jouer le rôle de salle de bain et de toilette. Mais ce qui retenait immédiatement l'attention, outre le sentiment de sérénité, c'était la baie vitrée qui s'ouvrait sur la terrasse d'abord, sur le lac ensuite et sur un infini de nature sauvage. Bien sûr, cette large ouverture était une concession à des désirs modernes et l'on pouvait voir que ce n'était pas l'ouverture originale. La résolution du mur ancien dans le cadre moderne n'avait pas été exécutée avec la même habileté que les queues d'arondes ; des excès d'enduit remplaçaient la justesse du trait de scie… Les premiers occupants, l'architecte de la maison, ne se souciant guère de la vue s'étaient plutôt attachés à réduire la taille des ouvertures en prévision des rudes hivers. Les billots, apparents de l'intérieur, portaient la patine de quelque vie recluse.

Il s'appropria la maison en un rien de temps. Ils semblaient faits l'un pour l'autre. Il avait tout le temps qu'il voulait, il le passait en sa compagnie. Puis vint un été plutôt bousculé. Toute une théorie d'amis étaient venus lui rendre visite et le barbecue n'avait pas chômé. Le canoë passait plus de temps sur l'eau que sur le dock et il se trouvait que le lac nourrissait de fort gracieuses truites. Heureusement que tous n'étaient pas pêcheurs sinon ils auraient eu tôt fait d'en éliminer la population ! Il avait acquis un vieux frigo qui faisait maintenant office de fumoir et qu'il avait caché dans les buissons, derrière l'antique toilette. Il ne voulait pas que cette tache blanche et crue vienne rompre l'harmonie de la place. Ils avaient donc fumé des truites. Et toutes sortes d'autres choses tout aussi délicieuses. Il n'avait guère eu le temps d'explorer les environs mais se consolait en pensant que l'automne et la quête des champignons lui donneraient l'occasion de se rattraper.

Septembre était arrivé imposant insensiblement sa palette de couleurs. Il découvrit avec plaisir que l'autre rive du lac était bordée d'érables. Si les trembles offrent de joyeux tons de jaune, les érables, dans leur délire de rouges, sont mille fois plus éblouissants. Les semaines qui venaient allaient être spectaculaires et il imaginait déjà ces matins où la surface silencieuse de l'eau doublerait son plaisir. Dès le début du mois, les cèpes avaient été au rendez-vous. Il s'était aventuré dans un petit bois de chênes à quelque distance de sa demeure et avait pu faire provision. Sans oublier d'en laisser quelques-uns uns, et pas les plus vilains, pour les fées… Il avait employé les derniers rayons du soleil de l'été pour en faire sécher en prévision de ces soirs d'hiver où le temps est moins clément. Cela lui avait donné l'occasion d'explorer les environs et de confirmer ce qu'il subodorait, que le lac était alimenté et se déversait par un ruisseau qui s'enfuyait par petites cascades. Cela n'apportait pas grand chose à sa vie, sinon cette petite satisfaction de connaître. Il aimait ainsi s'approprier les lieux. Il détestait le tourisme qui ne lui permettait que de voir. Il voulait savoir. Et quand il allait quelque part, il sentait le besoin de rester un certain temps afin de se sentir chez lui.

L'été qui venait de s'achever lui avait permis de s'installer, justement, chez lui. Il était bien ici, c'est ici qu'il resterait. Il ne savait pas pour combien de temps – on ne peut jamais présumer de rien – mais il y passerait du temps. Et le temps était maintenant entièrement à sa disposition.

L'été indien, qui fut particulièrement agréable, lui ramena des visites. On pouvait maintenant passer de longs moments dehors sans avoir à craindre l'appétit des moustiques. Ceux de ses amis qui chassaient trouvaient dans les bois avoisinants de quoi satisfaire leurs envies de civet ou de perdrix au chou. Lui-même ne chassait pas mais se régalait avec eux en leur offrant l'hospitalité.

Il passa beaucoup de temps seul en novembre. Seul en compagnie de ses livres et de sa musique qu'il pouvait écouter quand il le désirait et au niveau sonore qui lui convenait sans avoir à se soucier de couvre-feu ! Les voisins ne risquaient pas de se plaindre. Il y eut une violente tempête de neige qui l'empêcha de se rendre où que ce soit. Il allait avoir l'occasion de confirmer ce qu'il avait longtemps clamé à qui voulait bien l'entendre, à savoir que la neige n'est un inconvénient que quand on doit vivre une vie de citadin… Ce qui la rend pénible, ce n'est ni le froid, ni la place qu'elle prend, mais le fait qu'il faille se déplacer en voiture, avec des vêtements de travail, à heure fixe quand tout le monde se trouve en même temps sur les routes. Il avait de quoi survivre pendant un certain temps, du bois pour se chauffer, il allait bien voir si tout s'avérerait quand il y serait confronté…

Les arbres autour de sa demeure avaient commencé leur long sommeil. Il faisait maintenant froid. La première neige avait fondu, laissant le sol gris et sale. Le sol aussi appelait sa couverture pour se protéger des rigueurs à venir. Presque tout alentour avait perdu sa couleur, la nature allait, pour quelques mois, en revenir au noir et blanc. Noël n'échappa pas à la neige. On était maintenant vraiment installé dans l'hiver. Lui aussi et il ne s'en plaignait pas. Le poêle chauffait confortablement la demeure. Il commençait à ressortir du congélateur les douceurs que la belle saison lui avait permis de récolter : les fraises sauvages, les crosses de fougère, puis plus tard les myrtilles et bien sûr les cèpes. Quelques truites fumées, un peu de gibier lui rappelaient les bons moments passés dans la compagnie des autres et lui faisaient apprécier ce temps qu'il passait maintenant en sa seule compagnie… Lui qui avait été si bavard, toujours accompagné de quelque collègue ou devisant avec l'un ou l'autre, il se retrouvait dans le silence de sa conversation avec pour seuls bruits ceux de la nature qui avait maintenant pris possession de sa demeure et les craquements du bois dans le poêle. Il était bien et parfois s'étonnait d'avoir si facilement opéré la transition de sa vie active à cette vie-là…

Janvier avait apporté son redoux, ses tempêtes et ses journées de beau temps froid et sec. Il vivait avec le temps, passait autant de moments que possible dehors. Ses raquettes, plantées dans la couche de neige qui atteignait maintenant une soixantaine de centimètres, semblaient être toujours prêtes pour quelque randonnée. Il avait poursuivi son exploration des environs. Il savait maintenant où il était dans le grand vide qui l'entourait. Les oiseaux devaient se demander ce que pouvait bien être ce réseau de traces oblongues qui s'étendait chaque jour, puis disparaissait sous quelque neige fraîche, puis s'étendait de nouveau… Un jour qu'il était parti à pieds sur le chemin, une mésange à tête noire l'avait suivi de près pendant un bon moment, voletant de branche en branche, toujours plus près… L'oiseau lui disait son petit trille qui se perdait en vaguelettes dans le silence de la neige et il lui renvoyait un petit sifflement du bout des lèvres. Il avait trouvé tout à fait étonnante cette conversation sans parole et en était venu à sentir une sorte d'échange… Alors, bêtement, il s'était arrêté et avait tendu son index vers la mésange… qui était sans hésiter venue s'y percher ! Cela l'avait bouleversé. Il gardait encore dans sa mémoire la pression des petites griffes sur son doigt. Puis l'oiseau était parti avec un dernier arpège… Etait-ce un geste de bienvenue ?…

L'hiver était maintenant solidement installé. Les nuits étaient glaciales mais il avait assez de bois ! La première semaine de février avait été radieuse. Comme toujours quand il le thermomètre plonge, le beau temps arrive… Il passait de longs moments, assis devant la baie vitrée, à se repaître du spectacle de la neige éclatante ciselée par le réseau noir des branches des arbres, et sur quoi reposait le ciel d'un bleu profond. Les matins de diamant rose, les crépuscules de turquoise… Il avait pensé se mettre à la photographie mais s'était dit que rien ne vaudrait jamais les images qu'il gravait dans sa mémoire… Et qu'aurait-il fait de photos ? Elles sont tout au plus un souvenir pour celui qui les a prises, et tout aussi inefficaces que les paroles quand il s'agit de raconter l'émotion que le sujet avait créée… Etait-il en train d'apprendre le silence ?

La température s'était radoucie et, bien sûr, le ciel s'était couvert. Il y avait dans la brise cette touche acidulée qui annonce la neige. On l'annonçait d'ailleurs à la radio. Il se sentait étrangement réceptif à son environnement et, s'affairant à quelques préparatifs futiles, s'installa dans la perturbation atmosphérique. Il éprouvait un certain plaisir à répondre ainsi à son monde. Il se mettait à aimer la neige et l'idée de se retrouver isolé, contraint par la nature à restreindre ses mouvements, lui plaisait. Quelque chose en lui souhaitait un bon mètre de neige fraîche ! Il aimait s'imaginer dans ce cocon qui se tisserait autour de lui et dont il sortirait épanoui le moment venu… Il allait apprendre la patience aussi. Apprendre à tolérer le temps. Le temps, le silence… C'était tout de même une fin d'après-midi étrange… Le ciel était plombé, pesant de tout son poids sur les collines et sur les arbres. L'air était totalement immobile. Il vivait lui aussi profondément ce moment d'animation suspendue, ce moment d'attente. Pas une attente inquiète, mais plutôt le passage à l'étape suivante, la page qui va tourner et qui retient sa respiration avant de s'ouvrir sur le chapitre suivant. Il trouvait ces moments infiniment rassurants. Tout immobile que soit le monde il ne cachait pas que ce n'était que pour mieux préparer la suite. Une sorte d'immobilité dynamique... Vous ne perdez rien pour attendre !

En fait, il aimait assez les moments violents des éléments. Il aimait savoir que rien n'était statique et il trouvait même que, toute brutale que soit la tempête, tout emporté que soit la bourrasque, toute drue que soit l'averse, elles n'avaient pas d'intention. Le mal n'existe pas dans la nature. Ce qui s'y produit d'âpre n'est pas fait pour blesser. C'est ainsi, rien de plus. A chacun de tirer son épingle du jeu. Ce soir ne serait pas violent, seulement intense. Il neigerait beaucoup. Et il serait bien, là, sur le seuil, à regarder s'accumuler les flocons. Le tapis grimperait lentement le long de la porte, se collant à elle, formant un mur toujours plus haut qu'il devrait franchir demain matin... Et demain matin, un monde nouveau aurait remplacé celui d'aujourd'hui. Le passé serait recouvert d'une couche toute neuve de présent.

La neige commença à tomber vers quatre heures. Il faisait déjà presque nuit tant le ciel s'était alourdi de son projet pour la nuit à venir. Des flocons énormes, en ordre dispersé, d'abord, de ces flocons qu'on montre aux enfants pour leur faire découvrir les cristaux dont ils sont faits. Il croyait les entendre tinter quand ils se posaient ! Bientôt, dans le silence absolu, quand la tempête aurait pris de l'amplitude, ces foules de flocons en se posant créeraient un vacarme incroyable. Il avait été surpris la première fois qu'il avait entendu tomber la neige et trouvait l'idée du «martèlement d'un duvet» tout à fait plaisante. Il resta un moment au bord du lac qui avait gelé tard, cette année et qui n'était plus maintenant qu'une vaste clairière blanche. Bientôt les traces qu'il y avait laissées en raquette allaient disparaître. Son histoire aussi repartirait à neuf demain matin. Il lui faudrait de nouveau inscrire sa trace dans la mémoire du monde. Il ne se faisait d'ailleurs pas d'illusion sur la valeur de cette trace, mais l'idée lui plaisait de l'avoir, pour quelques instants, inscrite ici, justement.

Il alluma la lumière extérieure afin de pouvoir continuer à jouir du spectacle puis il décida qu'il se préparerait un petit gueuleton pour célébrer l'événement. Il avait, au congélateur, un petit lapin qui s'était laissé prendre à un collet quelques nuits auparavant, cela ferait l'affaire. Il sortit en même temps un sac de myrtilles et se mit à la tâche. Il se sentait étrangement détendu. Plus rien ne le tracassait. Sérénité impalpable. Ses mains faisaient la cuisine. Il aurait été bien en mal de dire qui les commandait. Le repas se préparait. Quant à son esprit, il vagabondait entre la neige qui tombait dru maintenant, son lapin qui distillait des vapeurs enchanteresses, le poêle qui diffusait une calme chaleur, sa solitude nouvellement apprise, l'adagio de Samuel Barber qui réconciliait l'ensemble et qu'il avait mis en boucle sur la chaîne… Peut-être un peu de mélancolie ? Et pourtant tant de bonheur ! Un de ces moments privilégiés où tout concourt. Concourt à quoi, c'est incertain, mais qui fait de l'instant un souvenir inoubliable, un repère dans le temps et l'espace. Un moment qui fait que tout cela valait la peine d'être vécu. Juste pour ce moment-là.

Il s'installa à table devant la baie vitrée. Au-delà de l'étroite terrasse dont il avait pour l'hiver, ôté les moustiquaires, il pouvait voir les flocons quand ils passaient en horde devant l'ampoule allumée. Il y avait maintenant une bonne vingtaine de centimètres de neige fraîche et elle arrivait de plus en plus serrée. Il aurait son mètre ! Pour la première fois, il réussit à manger doucement sans avoir à s'y contraindre. Cela l'étonna, mais cette soirée était vraiment particulière. Lui qui trouvait toujours quelque chose à dire à haute voix bien qu'il soit seul, n'avait ce soir rien à «dire ». Il n'avait pas d'idée, si tant est que les idées doivent se donner les moyens de s'exprimer. Il ne pensait à rien… Et pourtant il vivait intensément. Non seulement il savourait le repas qu'il s'était préparé, mais se composait autour de lui un monde qu'il n'aurait pas pensé possible jusqu'à ce soir.

Il n'était plus seul. Chacune des bouchées qu'il dégustait amenait la présence d'un ami avec qui il avait déjà partagé un tel repas. La tablée s'agrandissait. Tout un groupe de visages amis, souriants, bienveillants l'entouraient. Personne ne disait rien. Ils s'étaient déjà tout dit ou presque et ce qui restait à se dire n'avait pas vraiment besoin de paroles. François qu'il avait saoulé de ses propos – et qui le lui avait bien rendu, il faut le dire – semblait comprendre ce qu'il ne disait pas. Paul connaissait toutes les blagues salaces du répertoire et n'attendait plus d'autre manifestation que celle de l'amitié. Maryse avait pardonné toutes les avances débiles qu'il lui avait imposées et semblait enfin heureuse de le rencontrer seulement pour le rencontrer. Gérard savait que maintenant il l'écoutait vraiment et n'avait par conséquent plus besoin de rien dire. Il y avait sa femme aussi à qui il avait tellement parlé alors qu'elle attendait tout sauf des paroles et qui savait que maintenant, pour une fois, il ne mentait plus. Ses enfants avaient réussi à le convaincre qu'ils étaient des personnes et n'avaient plus besoin de se défendre… La maison était pleine et personne ne parlait. Et pourtant, tout le monde se comprenait. Que n'avait-il été aussi silencieux, aussi discret quand ils étaient… présents ? Pourquoi les avait-il cachés derrière un discours ? Avait-il eu peur de vraiment créer le contact avec eux ? Fallait-il qu'il soit seul pour finalement savoir vivre avec les autres ? Il arrêta même de se poser des questions. La tranquillité se posa en lui. Il était bien, ils étaient là, près de lui, le courant passait…

Il débarrassa la table, fit la petite vaisselle qu'avait salie cette foule qu'il avait reçue… Puis il eut envie de sortir pour écouter la neige. Il ne s'habilla même pas, il ne resterait pas longtemps. Il avait éteint toutes les lumières et seul son sens de l'ouïe fut sollicité. Il n'y avait absolument rien autour de lui que le bruit des flocons qui s'entrechoquent ! Il ne trouva rien à dire. Ce fut un plaisir aphone qu'il ne jugea pas utile de mettre sous une forme communicable. C'était son bruit à lui qui ne serait jamais le bruit des autres. Un bruit que les autres entendaient tout aussi bien mais dont aucun mot ne pourrait jamais vraiment transmettre ne serait-ce que l'image. Il savait le bruit et c'était déjà fort bien. Pourrait-il jamais transmettre son émotion ? Il savait des contacts qui semblaient y réussir, mais ils étaient tellement rares, tellement improbables… Il fut surpris de la façon nouvelle dont il appréhendait la réalité autour de lui. Elle avait

un goût différent, un aspect autre. Et il lui semblait qu'elle était plus…
réelle ! Une espèce de communion qui s'amplifiait à mesure qu'il se
parlait moins… Lui qui avait toujours été accroché à des projets, qui
ne pouvait pas rester cinq minutes en place, pour qui le mot «relaxer»
n'était qu'un rêve, qui ne pensait qu'à finir ce qu'il avait entrepris afin
d'avoir le plaisir de commencer quelque chose d'autre, il eut envie de
s'asseoir, d'arrêter, de respirer… Il ne se trouvait plus rien à faire, plus
de ces obligations futiles qu'il se découvrait toutes les cinq minutes…
Etait-ce le charme de la demeure qui opérait ? Ou bien était-il en train
de découvrir un autre aspect des choses, une autre perspective…

Il ne se dit pas qu'il allait rentrer, il le fit.

Il se faisait tard… L'heure ne lui aurait rien dit, il était seulement tard.
Il ne se coucherait pas… Il avait une conscience aiguë du fait qu'il
n'avait rien à faire. Aucun projet, rien à mettre en ordre, rien à finir et
rien à commencer. Passé et futur semblaient concourir en cet instant.
Ce n'était pas du désœuvrement ou un de ces hiatus dans le flot de
l'activité. Il vivait intensément ce petit espace de vide… Il n'éprouvait
même pas le besoin de se parler !… Le fauteuil, qui s'était placé devant
la fenêtre, se présenta à lui, il s'y coula avec reconnaissance. Il eut un
instant la conscience qu'il était, non pas en train de ne rien faire mais
plutôt de faire rien… Les lumières l'avaient prié de les éteindre… Il
lui restait maintenant comme seule perception, celle de la chaleur du
poêle et celle du cuir… Mais le corps est avide de sensations et petit
le rectangle de la fenêtre s'éclaira. Très lentement. Une lueur que
captait la neige et qu'elle lui renvoyait… Le cocon s'était refermé sur
lui mais, transparent, il lui laissait savoir qu'il était là, dans le monde,
dans la vie, qu'il participait de toutes ces choses même quand il se
trouvait confortablement blotti dans sa douillette coquille. Il croyait
voir les flocons se précipiter, il lui semblait encore les entendre…
Tous les amis étaient encore près de lui et, ce qui était encore plus
extraordinaire, donnaient l'impression de partager avec lui les
douceurs de cette soirée…

Les murs de la maison s'estompent, l'univers entre en lui. L'équilibre délicat entre l'espace et le temps se disloque, tous deux se retrouvent en un seul point, ici, dans la petite pièce qui elle-même laisse place au simple contact avec ce qui n'est pas encore tout à fait intérieur. Ils l'investissent, se l'approprient, à moins que ce ne soit lui qui en prenne possession... Quelle différence cela fait-il, d'ailleurs ? Son passé est là devant lui. La tempête de neige de cette nuit est LA chute de neige, sœur de toutes celles qu'il a déjà vues, et de toutes celles à venir. Il n'a plus besoin de jouer avec le passé, il n'a plus de souvenirs ni de projets, il possède maintenant un présent accompli. Tout y est, intemporel. Il n'a plus besoin de s'inventer un avenir tant il a l'impression que tout l'espace de sa vie est rempli. Le rectangle de la fenêtre s'est dissout dans l'espace et le temps... S'est-il échappé ou bien est-il entré en lui-même ?

Il ferme les yeux. Rien ne change, il continue de voir. Le voile de ses paupières ne cache plus rien. Est-il en train de voir à l'intérieur ? Il ne se prend pas la tête avec tout cela, lui, il le vit. Simplement... Et pourtant, c'est quelque chose de nouveau. En d'autre temps, il en aurait fait toute une salade, peut-être aurait-il même écrit quelques pages. Il aurait cassé les oreilles de Simon avec ses supputations... Mais là, rien. Plus rien ne bouge et il est bien.

Petit à petit, il oublie son corps. Le contact cossu du fauteuil s'estompe, il devient plus léger. Il avait quelques fois joué à se déconnecter de sa consistance physique... Il commençait par oublier ses orteils, puis ses pieds, ses mollets et ainsi jusqu'à une immatérialité consciente. Mais là, cela se fait tout seul. Il n'est plus que conscience, émotion, plaisir...

Une petite pensée vient alors envelopper ce moment de félicité. Une dernière phrase pour se dire qu'il a réussi son initiation : il est... Ça a été long, mais il a gagné, il est enfin libre.

Il peut laisser aller les dernières fibres de son incarnation.

Il peut s'endormir tranquille, il n'a plus besoin de son corps, il n'a plus besoin de la consolation illusoire des mots, la vie peut maintenant librement couler en lui, homogène et totale. Demain sera une journée différente de toutes les autres. Il y aura un mètre de neige devant sa porte qui l'obligera à rester encore chez lui pour faire durer l'étonnante soirée… Il aura aussi d'autres moyens pour penser à sa vie…

………

………

Ah-pa ja-gee ba non bwa
«Ce fut une bonne mort», en Ojibway.

La grande traversée

Il plongea dans le courant… Enfin disons plutôt qu'il y fut plongé, mais c'était bon tout de même. Ce n'était qu'un ruisseau d'eau fraiche et limpide que rien ne venait troubler. Les rives, couvertes de verdure, étaient bienveillantes et se rejoignaient en arceaux au-dessus de lui. Il se sentait en confiance, protégé. La caresse bienveillante de l'eau ajoutait à son plaisir, le gazouillis des vaguelettes lui rappelait une autre musique qu'il avait connue des âges plus tôt. Des présences flottaient autour de lui, discrètes mais indéniables. Malgré l'effort – oh, tout relatif - qu'il devrait fournir pour rester là, il décida qu'il valait la peine de persister et que de toutes façons, remonter à la source où se laisser indolemment couler vers la mer revenait à la même chose, ce n'étaient que deux moments dans le cycle. Il ferait ce qu'il devait faire mais pour l'instant il se laissait dorloter. Le flot lui apportait tout ce dont il avait besoin, le calmait dans ses accès d'alarme, le faisait rire ou pleurer, toutes ces choses qui font grandir.

Il se sentait devenir plus fort. Sa curiosité s'éveilla au point qu'il se demanda s'il ne pourrait pas faire l'effort d'apprendre ce monde qui coulait autour de lui, peut-être même de le comprendre, d'y apporter un peu de lui-même. Oh, bien sûr, il savait tout ça, tout cet univers qui l'embrassait, de toute éternité, mais il sentit le besoin d'en faire l'expérience, de le goûter, de jouer avec, d'en faire sa réalité; il n'allait tout de même pas rester ainsi à se laisser aller, sans contribuer un tant soit peu...

Le courant s'intensifia légèrement, le mettant pour l'instant au défi de rester, sinon de lutter. Il put commencer à reconnaitre, dans le flot qui le portait, la mémoire d'autres que lui, le sens d'autres expériences, il s'en nourrit autant qu'il put et se sentait plus vivant à la fin de chaque jour. Le ruisseau s'élargit, devint rivière, les rives s'écartant lui laissaient chaque jour un peu plus d'espace pour explorer. Certes, c'était un peu moins rassurant, parfois même quelque peu menaçant, mais c'était aussi tellement captivant. Il pouvait choisir d'en découdre avec le flux plus vigoureux au milieu du chemin mais qui lui apportait généreusement des nutriments, ou de se laisser bercer par le cours, plus tranquille près de la berge, où il pouvait mettre de l'ordre, en toute sérénité, dans ce que son cheminement passé lui avait appris.

La mémoire de la rivière lui apportait une multitude d'informations qu'il s'appropriait, petit à petit, jour après jour... Et avec l'aide de la mémoire de ceux qu'il rencontrait, il ajoutait à sa propre mémoire, à son histoire... Quel compagnon extraordinaire que ce fleuve tranquille. Il avait eu bien raison de décider qu'il s'y ferait un chemin. Il avait bien reconnu, dans des méandres du fleuve, d'autres que lui qui n'avaient pas eu sa chance, qui s'étaient trouvés captifs de branches mortes, qui avaient été assaillis par de mauvais souvenirs, qui avaient perdu pied, s'étaient retrouvés à court de respiration ou de détermination, que le fleuve avait repris, qui s'étaient perdu dans quelque confluent ou avaient été aspirés par quelque tourbillon. Cette conscience même lui permettait, parfois simple bravade, de rester à flot et même, de plus en plus souvent, d'éprouver de la satisfaction. Il apprenait à vaincre sa peur, à persévérer. Et puis il y avait ces autres qui, comme lui, continuaient d'avancer de concert et dont il savourait aussi l'expérience, avec qui parfois il partageait son savoir, sa connaissance.

Certes il y eut des jours où il se trouva entraîné dans des eaux blanches, percutant des écueils, s'égratignant sur des obstacles imprévus, luttant contre les agressions d'autres remous mal intentionnés, buvant la tasse, se prenant les pieds dans des algues, se retrouvant cul par-dessus tête et ne sachant plus dans quelle direction il allait. Rien de savoureux dans ces expériences-ci sinon la connaissance de ce qu'il serait bon d'éviter, de quoi, de qui il faudrait se méfier, les raccourcis qu'il faudrait fuir ou emprunter... Et aussi, après le retour dans des eaux plus calmes, la satisfaction d'avoir réussi à passer. Qu'à cela ne tienne, il persiste, il continue de se nourrir de la mémoire du fleuve, il accumule les expériences et y prend plaisir. Il est vraiment dans un très beau fleuve! Parce que la rivière est maintenant devenue fleuve, entre ses berges il trouve alors un grand espace de liberté, dangereux, certes, mais tellement fascinant. Il existe maintenant dans ce fleuve qui le porte et auquel il offre sa propre mémoire.

En fait, il a le fleuve tout a lui, il a reçu ce fleuve pour en faire partie; il a le fleuve, il est le fleuve. Il est libre de l'occuper à sa manière, d'y circuler, conscient malgré tout du fait qu'il est fragile, et que s'il peut en prendre possession il sent que c'est en tant que gardien plutôt que propriétaire. Il est à lui mais il y trouve des compagnons de voyage avec qui il en partage le goût et avec qui il s'imprègne des expériences qu'ils en ont rapportées. Curieuse sensation que cette possession qui est aussi partage, les concessions qu'elle oblige, la sagesse qu'elle demande...

Au long de son périple, parfois le mouvement ralentit, s'arrête même, et il doute. Il se retourne, regarde en arrière, tente de retrouver la saveur du flot, mais sa mémoire n'est qu'une mémoire faite de petits récits d'événements passés et en qui il ne peut avoir qu'une confiance relative car chacun sait les histoires qu'on se raconte pour tenter de donner du sens à ce que l'on vit, ce que l'on a vécu. Parfois, aussi, il est malmené par des courants toxiques qui l'affaiblissent, des tourbillons qui voudraient bien l'entraîner dans les zones sombres des profondeurs, le faire dévier de sa route. Alors il est attentif, il scrute l'avenir, les écueils, les cataractes, les chutes d'eau vertigineuses, parfois il prend des risques ou s'y refuse, souvent il est prudent, parfois distrait, parfois téméraire, mais il essaie malgré tout de jouer le jeu, d'aller jusqu'au bout, de remplir la disponibilité initiale de sa vie.

Pour l'assister dans son entreprise il a à sa disposition la mémoire du fleuve, l'histoire distillée par sa fratrie, ses parents, ses aïeux, les réussites et les errances de ceux qui l'on précédé et laissé leur trace dans le courant. Bien que seul en charge de son parcours, en vérité il ne l'est pas et cette présence diffuse de l'histoire vient toujours accompagner ses pensées, ses gestes. Son «destin» ne fait aucun doute, l'estuaire n'est qu'à quelques encablures, il pourrait s'abandonner au courant, mais il sait qu'il doit vivre le chemin, inscrire sa volonté dans le fleuve.

Il a maintenant bien avancé, parcouru bien des paysages, mais en prenant un peu de recul il peut voir l'unité de sa vie, une vie mouvementée, certes, mais belle, riche, complète. Il sourit à son fleuve.

Pourtant il se fatigue, ses membres deviennent douloureux… Il sent qu'il approche de l'estuaire… Il sait bien aussi qu'il n'y a pas de retour en arrière, même si lui et ses compagnons de voyage aimeraient bien… Combien, échoués le long des berges, se sont lancés dans la quête vaine d'un retour à la source originale et à sa tranquillité? Le courant du fleuve devenu plus puissant l'entraîne irrésistiblement vers la fin du voyage… Alors il regarde alentour pour voir, pour faire le bilan… Le rivage d'où on l'a jeté n'a pas bougé, il s'est seulement amplifié. L'eau est là qui le baigne, éternellement renouvelée et éternellement enrichie. L'eau dont il est issu, l'eau qu'il redeviendra. Il a réussi à se maintenir entre les berges il n'a pas quitté SON courant, contrairement à d'autres qui, assoiffés de pouvoir, avides de possessions et qui se sont laissé séduire par des créatures des profondeurs perdant par là-même leur liberté de mouvements. Il a connu tout le cycle de l'eau, mais en vérité il n'a guère vraiment avancé, il est seulement plus complet, plus achevé… Il lui reste les souvenirs des vagues qui l'ont caressé et la mémoire du monde dont il s'est nourri en nageant.

Il a connu l'amour, la faim, la peur et le plaisir, la joie et la peine, l'amitié et le désir, le succès et l'échec, la connaissance, l'effort et le bien-être… Il a beaucoup pris du flot, mais il a aussi beaucoup donné, il ne doit rien à personne. Il a toujours fait ce qu'il pouvait, il a le plus souvent fait ce qu'il devait faire, la plupart du temps, il a fait ce qu'il y avait à faire, il a partagé avec le courant quelques qualités et aussi quelques défauts, il se trouve en règle avec le monde.

Alors riche de son histoire, il se laisse entraîner vers la mer d'où, un jour ou l'autre il se sublimera, pour revenir à la source et recommencer le périple, sous une autre forme, certes mais toujours comme une partie intégrante et active… Mais il a surtout appris que s'abandonner à l'estuaire n'est pas mourir. Il aura vécu cette vie unique qui aura été la sienne, et qui pour avoir quelque signification se doit d'avoir un commencement et une fin nécessaire à un nouveau commencement. Au cours de son périple il aura fait don au fleuve tranquille de beaucoup de lui-même et le flot nourrira tous ceux qu'il caressera d'un peu de sa vie, tous ceux-là qui seront un peu de lui-même. Il comprend maintenant qu'il n'a été qu'une matérialisation unique de LA vie, chacune de ces créations étant séparée de la suivante par ce que l'on appelle la mort et qu'il aura un autre rôle à jouer dans la suivante. Il comprend aussi que non seulement il est important mais qu'il est, en quelque sorte, éternel.

Isidore

Isidore était un triangle. Rectangle. Trois côtés, trois angles dont un droit (on se demande bien comment un angle qui est une figure éminemment tordue peut bien être... droit, mais ça n'a pas d'importance!). Propre sur lui, bien élevé, tout ce qu'il faut. Il était fier de son hypoténuse qui lui paraissait svelte et parfois coquine. Affublé, comme tout un chacun de trois médianes, de trois médiatrices, de trois hauteurs (encore que deux d'entre elles aient une façon assez cavalière de s'acoquiner avec des côtés!) et du nombre voulu de bissectrices, il était, comme l'avait révélé son dernier examen médical, d'une santé robuste. Ses angles totalisaient précisément 180° sans un poil de plus ni un poil de moins.

Il habitait le cerveau d'un certain Pythagore à qui, pendant un certain temps, il avait posé quelques difficultés. En effet, si le savant bonhomme était maintenant en parfaite santé physique et mentale, il avait subi voilà quelques années les rigueurs d'une sévère crise existentielle. À cause d'Isidore qui s'était réveillé un matin, l'angoisse au centre de gravité, les médianes se coupant n'importe où. Il avait supputé une longue matinée durant sur la cause de ce soudain mal-être quand brutalement il avait compris. Enfin, compris, c'est beaucoup dire parce que justement il n'avait pas encore compris! Il lui fallait savoir à tout prix quel était le rapport entre le carré de son hypoténuse et quelque valeur en lui qu'il ignorait. Et comme il ne savait déjà pas ce que pouvait être le carré de quelque chose et qui plus est le carré de son hypoténuse, il tomba malade et la somme de ses angles monta jusqu'à 189°. Ce qui pour un triangle était, à l'époque, très grave. Il s'ensuivit un violent mal de tête pour le pauvre Pythagore qui, tout de même fâcheusement porté sur les triangles, estima de son devoir de venir en aide à son hôte. Mais la maladie de jeunesse d'Isidore n'étant pas vraiment le propos de cet essai, on résumera en disant que le bon Pythagore, sujet doué s'il en était à ce moment de l'histoire, sortit victorieux de cette épreuve en confirmant à Isidore que le carré de son hypoténuse était égal à la somme des carrés de ses autres côtés. Ce à quoi le triangle ne comprit rien mais ce qui fit tout de même retomber sa tension angulaire aux 180° réglementaires.

Ce qui nous amène à ce jour fameux où Isidore voulut partir en vacances. Dans le monde réel ajouta-t-il car il avait des lettres. Il voulait aller voir un peu ce qui se passe dans la réalité, rencontrer des copains, autre part que dans l'ambiance un peu confinée, il faut bien le dire, des circonvolutions pythagoriennes. Pythagore, heureux de s'en débarrasser pour quelques temps lui paya son billet sur Asymptote Airlines, lui offrit une table de logarithmes pour qu'il ne se perde pas et le regarda partir avec un brin de sentiment paternel et un tanti-soit-peu de soulagement. Isidore était parfois fatigant!

Il arriva à l'heure pile à Realworld Airport, récupéra sa valise et partit, en s'affûtant le cosinus, vers son destin.

Ainsi c'était cela, le monde réel! Il y avait là des arbres, des nuages, de petites fleurs et de grandes fleurs sans compter les grosses fleurs, il y avait des singes et des marmottes, des escargots et des galets, des vagues et de la brise, des vers de terre et des hérissons (dont le croisement donne, comme chacun sait, le fil de fer barbelé), des vallées et des collines, des rus, des ruisseaux et des rivières et parfois même des fleuves, la mer et le ciel, des flammes et des embruns, de la pluie et de la neige, le soleil et la lune, des panthères et des pies (qui, si on les accouple, donnent des pelletées de pipes en terre), des proies et des prédateurs, des bipèdes, des quadrupèdes, des gastéropodes et des apodes, tout un tas de choses rondes et belles, vertes ou roses, douces ou rugueuses, discrètes ou envahissantes, suaves ou malodorantes, mais rien qui ressemblât de près ou de loin à un triangle. Il y avait bien, à ce qu'il paraissait, celui des Bermudes, mais personne ne savait où il était et Isidore n'avait jamais entendu parler de Bermudes…

Et puis il y avait les humains. Noirs jaunes ou blancs sans compter les rouges, grands ou petits, maigres ou gros, chevelus ou glabres, souriants ou moroses, courant Dieu sait où ou attendant Dieu sait quoi. À travers eux, il pouvait voir l'amour ou la haine, la peur ou la confiance, le calme ou l'excitation, la violence, l'avarice et le mensonge mais aussi la douceur, la générosité et la franchise, il pouvait sentir le talent ou l'incompétence, la joie et la tristesse, l'envie, le plaisir, le désir, la frustration, le désespoir, mais rien qui ressemblât de près ou de loin à un triangle rectangle. Il faudrait admettre que les humains avaient sérieusement tenté de se servir de lui dans leurs œuvres: des toits, des fenêtres, des portes de boutiques, des enseignes, des meubles, des logos, de la vaisselle, tout un tas d'objets portaient en quelque sorte sa signature à lui, Isidore, triangle rectangle dont le carré de hypoténuse était, est et sera toujours égal à la somme des carrés des deux autres côtés. Mais rien de tout cela n'avait sa pureté abstraite à lui dont les côtés étaient si droits et si fins, dont les sommets étaient si ténus qu'on n'était même pas censé les voir, dont les points névralgiques étaient d'une telle netteté, d'une telle élégance. Tous ces objets étaient grossiers, les côtés potelés, épais, les surfaces troubles, les angles émoussés....

C'était donc cela, le monde réel! Oh, il trouvait tout cela fort intéressant, certes mais, en bon touriste, il aurait tout de même aimé rencontrer ici ou là un de ses frères triangulaires. Mais il lui semblait bien que dans ce monde réel, il n'y avait guère de place pour un triangle rectangle présentable. Il ne semblait d'ailleurs n'y avoir de place pour rien qu'il connût et qu'il avait pourtant assidûment fréquenté chez Pythagore. Ses cousins Isocèle et Équilatéral étaient absents, point de carré ni de rectangle, même pas de ligne droite. Tout ce qui semblait avoir droit de cité - et encore ce n'était que par tout petits tronçons mélangés et juxtaposés - c'était la courbe. Mais quelle indécision dans celle-ci! Et comme pour le reste : de l'épaisseur, de la grossièreté, de l'imprécision !...

Il se sentit seul, inutile, perdu. Il décida alors que, pour se détendre un peu, il irait passer une soirée dans le cerveau d'un humain. Là, il savait qu'il trouverait quelques-uns de ses congénères et qu'il pourrait passer un petit moment régénérant avant de retourner explorer le monde. Il entra dans un bar et alla s'installer dans le cerveau de Gaston. ...!... Rien à voir avec celui de Pythagore... Il n'y avait pas grand-chose là-dedans sinon une espèce de sphère (tout de même!) toute décorée d'hexagones blancs et noirs (rassurant malgré tout) et que tout le monde se renvoyait à coups de pieds et tentait de faire rentrer dans un filet ! Quelle drôle d'idée... Gaston n'avait vraiment pas beaucoup de respect pour ses amis! Quelques cercles à rayons multiples tournoyaient à des vitesses folles sur de long rubans gris... Mais pas de triangle rectangle sinon un tout petit moribond, couvert de moisissures et qui expirait dans un coin ne sachant même plus à quoi servaient ses angles.... Ce n'est pas ici qu'il allait se faire des relations!

Il sauta dans un autre cerveau qui passait dans la rue. Le paysage était d'un tout autre ordre. Il était tout plein de belles formes arrondies et pulpeuses, il y flottait une odeur de musc, des mains couraient sur ces formes et créaient des courants magnétiques, on y entendait des soupirs et des feulements, on y sentait une tension à la fois violente et merveilleuse, les gestes se précisaient, le paroxysme approchait... Pas la moindre place pour quoi que ce soit d'anguleux. À part quelque raideur, tout était doux et rebondi. Puis tout s'arrêta d'un coup quand la jolie forme que ce cerveau suivait entra dans une porte cochère et disparut de la vue. Un nuage noir la remplaça et l'ébauche d'un verre rempli d'une substance jaune apparut... Mais point de triangle...

Il n'y avait décidément pas beaucoup d'intérêt pour lui et ses semblables chez les humains!...

Il explora ainsi le cerveau d'un terroriste, d'un prêtre, d'une prostituée, d'un expert-comptable, d'un chômeur, d'une dactylo, d'un médecin, d'une céramiste, d'un pompier, d'une lesbienne, d'un cancre, d'un informaticien, d'un plombier, d'un balayeur, d'une contractuelle, d'un lepéniste, d'un lecteur du Nouvel Observateur, d'un acteur, d'une strip-teaseuse, d'un Malien, d'un Président Directeur Général, d'un liftier, d'une mère de famille, d'un sociologue... Toujours rien qui ressemblât de près ou de loin à un triangle rectangle.

Serait-ce qu'il n'y aurait vraiment pas de triangle dans le monde réel? N'y avait-il de place pour lui et ses semblables que dans de savantes cervelles? Ne l'étudiait-on avec tant d'ardeur que pour pouvoir aussi vite qu'il était permis le rejeter aux orties?

Il était bien malheureux. Lui qui pensait que partout on le remercierait d'exister, qu'il était important dans la vie et dans la réalité, il se trouvait relégué dans quelques cerveaux poussiéreux qui tentaient de réduire tout ce qu'ils avaient vu du monde à des lignes, des angles et des lois... Une larme perla à son angle droit! Il lui faudrait donc rentrer chez Pythagore, accrocher son certificat de conformité d'hypoténuse au mur et attendre la retraite? Zut!

C'est alors qu'il fit une rencontre tout à fait époustouflante. Un triangle ! Rectangle ! Quel choc ! À première vue, cela était bien rassurant, il avait enfin rencontré quelqu'un de sa race. Il se saluèrent, parlèrent un peu de la pluie et du beau temps. Puis, la conversation se précisant, les choses devinrent inquiétantes, d'abord, farouchement effrayantes ensuite. L'ami que venait de se faire Isidore était en réalité un drôle de zigoto ! Il était fort grand déjà, mais cela n'était en soi pas tellement grave. Mais là où le complot s'épaissit fut lorsque Isidore comprit que son copain avait en réalité… deux angles droits ! Oui, un triangle, rectangle, et propriétaire de deux angles droits. Des vrais… 90° ni plusse ni moinsse ! Aïe, aïe, aïe ! Déjà 180° et seulement deux angles… Comment cela pouvait-il être ? L'angle droit d'Isidore commença à tourner légèrement… Mais la raison d'Isidore vacilla totalement quand son ami lui affirma que son angle au sommet faisait quasiment… 180°…………Lorsqu'il reprit connaissance, Isidore vit son ami qui le regardait, amusé de sa déconfiture.

—Je vais t'expliquer, lui dit-il, vois-tu, mon angle au sommet se trouve au pôle nord : ça fait un sommet. J'en ai un autre à Padang, en Indonésie, ça fait deux. Le troisième – il m'en faut trois, tu es bien d'accord ? – se trouve à Quito en Équateur. Tu joins tout ça, ce qui te donne trois côtés : un grand bout court tout le long de l'équateur, les deux autres suivent des méridiens pour se rencontrer au pôle. Ça va, tu vois ce que je veux dire ? Équateur/méridien, ça fait deux angles droits et à mon sommet du haut, au pôle, ça fait en gros un angle de 170° ! 90 + 90 + 170, ça fait 350. CQFD. Je suis un triangle doublement rectangle et la somme de mes angles fait 350°. Ça t'en fout un coup, non ? Et je vais même te dire un secret encore plus grave que tout ça : si tu les dessines sur la terre, sur cette surface convexe, tous nos frères rectangles, même pas des doubles comme moi, comptent plus de 180° pour la somme de leurs angles. Si jamais tu rentres dans la cervelle de Pythagore, ne lui dit jamais ça, tu le tuerais ! Bon, OK, je te laisse, je voudrais voir si je ne peux pas encore agrandir mon angle au sommet ! Alors salut et bonne chance ! »

Isidore resta un bon moment hébété, assis au pied d'un réverbère éteint (il faisait grand jour !). Il se sentait bien seul et surtout marginal. Très marginal. Il n'existait pratiquement pas dans le monde réel et quand il rencontrait enfin quelqu'un de son espèce avec qui il pourrait parler un peu du pays, il fallait qu'il tombe sur ce qu'il aurait toujours cru être un monstre ! Comme quoi le tourisme !…

Mais, comme il était au fond un optimiste, il décida de tenter un dernier cerveau. Un mathématicien belge, une certain Benoît, passait par là. Isidore hésita… encore un mathématicien ? Mais celui-ci semblait avoir un regard différent sur les choses… Hop! Il sauta.

Il ne s'attendait certes pas à trouver ce qu'il trouva dans ce cerveau!… Il ne sut dire tout de suite si c'était fou, beau, grand, ridicule, malade, probablement parce que, à ce moment de sa réflexion (qui n'était qu'une réflexion de triangle rectangle ne l'oublions pas!) cela lui parut tout cela à la fois. Ça ondulait de partout, ça courait de droite et de gauche, toutes les couleurs y dansaient une folle farandole, de vagues en boucles, de tortillons en grandes envolées. Le monde qu'il trouva était incroyable et il fut tenté de penser que le propriétaire de ce cerveau avait certainement fumé la moquette de son appartement. Mais c'était aussi tellement beau que, passé la première vague de surprise, il se laissa aller à se pénétrer de cette fantastique courbe dans laquelle il avait atterri. Il ne tarda pas à apprendre qu'il était tombé sur la photo d'une certaine Julia…. Lui ne savait pas vraiment ce que cela signifiait mais ça n'avait guère d'importance! Un peu plus à l'aise il alla s'y promener et, si l'absence de triangles rectangles était encore plus évidente que dans le monde réel, elle lui paraissait tout de même moins cruelle. Il s'imagina paré des courbes que lui avait laissé subodorer son ami le super triangle.

C'est alors que, l'esprit plus détendu, il commença à remarquer des régularités dans ce qui lui avait paru auparavant comme le plus complet des chaos. Les formes se rencontraient, on pouvait descendre au plus profond des courbes, on se retrouvait immanquablement au sommet de la même, il rejoignait là ce qu'il avait laissé ici, il ne se perdait que pour mieux se rattraper, il montait et paraissait descendre et réciproquement... Entrainé par le jeu et porté par la beauté il commença à imaginer des nuages et des arbres, des vagues et des brises et finit même par trouver de sérieuses analogies entre ce monde-ci et le monde réel. Mais en même temps qu'il s'évadait dans son phantasme de réalité il entrevoyait aussi la rigueur et la simplicité mathématique qu'il avait appris à bien connaître chez son maître. Il fut tellement abasourdi de se trouver dans un lieu ou cohabitaient la science et l'art, les maths et la beauté, la froide formule et la chaude esthétique qu'il s'assit pour un instant sur une bifurcation qui ressemblait à une corne d'abondance. Il sentait que quelque chose de grand se préparait, que sa vie de triangle rectangle allait s'arrêter justement là.

Alors, sans plus attendre, il laissa son hypoténuse s'amollir, il mit la bride sur le cou à ses angles, donna congé à ses médiatrices, arrondit son angle droit et entra pour de bon dans le monde réel.

Il serait bien étonnant que vous rencontriez jamais un triangle dans un coin de forêt ou dans un massif de fleurs, dans une tranche de foie gras ou dans un verre de rosé... Mais si vous êtes assez fou, ou assez artiste pour en voir un ou croire que vous en voyez un, sachez que c'est Isidore qui a décidé de poursuivre ses vacances plutôt que de prendre sa retraite.

Au commencement

Il était devant l'entrée de sa caverne. On ne sait strictement pas comment il s'appelait. Lui non plus d'ailleurs. En ce temps-là, personne ne s'appelait ! Il n'aurait certainement pas servi de top-model chez Ralph Lauren tant il était velu, puant et tant sa démarche et sa posture étaient loin de celle du Corporate Executive fils de bonne famille chauffeur de B.M.W. et passant ses week-ends dans son loft de New York. Mais au fond, il s'en foutait bien… Il était donc devant l'entrée de sa caverne. Il était sorti pour roter un bon coup après s'être soigneusement goinfré d'un gros morceau d'auroch dont il tenait encore le tibia méticuleusement décortiqué dans sa main gauche. Il était gaucher, mais ne le savait pas. Marginal sans le savoir… Il faisait beau ; le ventre bien rempli il pouvait regarder son monde sans trop se soucier. Il rota donc!

C'est alors que de quelque part, dans ce qui occupait l'étroit espace situé entre ses deux oreilles, quelque chose vint. Des quelques millimètres-cubes de protéines qui avaient pris une teinte un peu grise, sortit une espèce de jaillissement. Timide, certes, mais un jaillissement tout de même. Il leva sa main gauche, contempla le tibia d'auroch qui s'y trouvait et concocta ce qu'il faudra bien appeler la première pensée… Confuse, sans objet bien précis, aux contours flous… Mais quelque chose d'autre! Un os serré bien fort dans une main, une vague étincelle…

« MMphf! » grogna-t-il pour attirer l'attention de son voisin qui, lui, était fort occupé à s'épouiller l'entre jambes…

La conversation entre ces deux-là quoiqu'apparemment amicale, n'en était pas moins succincte : « Mphtf », « Gromph », « Gnargh », « Mmrphg »… Le tout accompagné de mouvements de tête et parfois, quand la saison le demandait, d'exhibition des parties génitales… Mais cette fois, le voisin se rendit bien compte qu'il y avait une qualité particulière dans cet appel et il s'approcha de l'autre…

L'autre qui, ébauchant un geste qui serait maintenant compris comme une injonction à regarder l'os, leva son bras gauche, bien haut et asséna l'objet contondant sur le crâne du voisin qui cette fois-ci ne trouva rien à redire et dont la cervelle alla s'éparpiller sur les osmondes sauvages qui croissaient alentour.

La première tentative de communication venait d'échouer de façon lamentable, dans l'incompréhension la plus totale de part et d'autre. Surtout pour l'autre!

******

Il allait falloir attendre bien des siècles avant que des circonstances similaires se reproduisent et donnent enfin le coup de pouce nécessaire à une évolution dont on ne sait pas vraiment encore si elle ne s'est pas mis le doigt dans l'œil !

Deux mille trois cent quarante-sept ans, deux mois et seize jours plus tard un lointain descendant de notre penseur originel, après avoir avec délices sucé les tripes d'un iguane qu'il avait capturé deux semaines auparavant, s'assit devant l'entrée de sa caverne et contempla le tibia d'auroch qu'il venait de déterrer et dont il ne saurait jamais qu'il avait produit la première pensée que la terre ait jamais engendrée dans la tête d'un de ses lointains ancêtres. Mais au fond, il s'en foutait bien n'étant capable que de passé récent et de futur proche! Encore que, le futur... La vue de l'objet qu'il tenait dans sa main gauche – les biologistes eussent-ils existé qu'ils auraient eu vite fait de conclure que le fait d'être gaucher est héréditaire ! – généra chez lui quelque chose qui fut proche de l'émerveillement. Raisonnable, certes, mais un émerveillement tout de même.

« Gromphthfp ! » (On notera un léger progrès dans les moyens d'expression) fit-il pour interpeller son voisin qui était béatement en train de s'épouiller l'entrejambes (comme quoi les choses ne changent jamais vraiment !). Il fit un geste qui serait interprété de nos jours comme une invitation à regarder et dit : « Tok ! »

Bon, nous n'allons pas nous répéter, les choses se passèrent à peu près de la même façon que deux mille trois cent quarante-sept ans, deux mois et seize jours auparavant à cela près que, cette fois, au lieu d'asséner son os sur la tête de son voisin, notre penseur l'abattit sur la tête de sa femme qui malencontreusement pour elle, heureusement pour l'avenir de l'humanité, passait par-là.(1) Et dont la cervelle alla, elle aussi, engraisser les osmondes sauvages qui poussaient toujours dans le coin.

Le premier acte de la communication humaine venait d'être exécuté en même temps que la femme de notre héros. Il est bien difficile de dire de nos jours ce que ce «tok », dont aucune langue primitive ne garde la moindre trace, pouvait bien signifier. Tout le monde sait bien qu'au commencement était le verbe, il se pourrait toutefois aussi bien que cela ait été un nom ou un adjectif. Mais là n'est pas la question. La chose avait été bien comprise, et, dans les semaines qui suivirent, bon nombre de femmes passèrent de vie à trépas sans avoir jamais eu le temps de savoir pourquoi. Heureusement qu'une période glaciaire arriva inopinément... Les mâles trouvant qu'il était tout de même plus agréable de se tenir chaud avec une petite femelle qu'avec leurs gros copains velus se mirent à taper sur du gibier plutôt que sur leur compagne !

« Tok » fut donc ce que l'on pourrait appeler le premier mot. Et «tok » resta le seul mot durant bien des siècles… La forêt précambrienne résonnait de «tok » à longueur de journée que c'en était un plaisir… Cela aurait pu durer ainsi jusqu'à la fin des temps si un jour, un des descendants de nos deux précédents héros n'avait eu l'idée géniale étant donnée la taille encore modeste de son petit morceau de matière grise d'aller faire la fête à la tribu voisine qui s'égarait un peu trop souvent sur son territoire de chasse. Mais comment peut-on dire au guerrier distrait «eh, andouille, t'as oublié ton fémur d'auroch ! » sans mots ? C'est ce jour-là que tout a commencé.

Depuis, il ne s'est pas passé une journée sans que quelque part sur terre ne soit inventé un mot nouveau, sans que des phrases nouvelles se fabriquent, sans que des idées nouvelles naissent. Sans que de nombreuses cervelles éclaboussent les osmondes. Certes, ce n'est pas allé très vite au début et de nombreuses générations ont passé avant que l'homme puisse concevoir quelque chose d'aussi sophistiqué que «passe-moi le sel ! ». Et nous ne parlerons même pas du bien plus tardif : « s'il te plaît! »… On avait bien commencé par nommer les choses pour le plaisir, comme ça, parce que ce foutu monde a bien du mal à exister si on ne lui donne pas un nom, et puis bien vite on s'est rendu compte que ces mots étaient drôlement pratiques pour donner des ordres, convaincre, contrôler, prendre le pouvoir. Alors on a très vite appris à leur donner des sens de plus en plus tortueux, de plus en plus hermétiques, on a appris à les faire mentir, à les déguiser pour qu'ils trompent… Il se trouvait toujours quelqu'un, quelque part, pour ajouter sa trouvaille à la longue liste. « Vous ne pourrez plus passer une journée, chère Madame, sans avoir une raison d'ouvrir notre encyclopédie !»… « C'est prouvé en laboratoire, notre lessive lave 27% plus propre que notre meilleure concurrente ! ». . « Notre assurance couvre absolument tous les risques sauf en gros tous les risques que vous encourez dans votre vie quotidienne. »… « Notre seul but, cher consommateur, est de vous donner satisfaction ! »… « Vous serez assis à la droite de Dieu… » «Il faut que le peuple prenne en main sa destinée ! Je suis le seul qui puisse réaliser ce rêve pour vous! »…

Il y eut aussi tous ceux qui trouvaient chaque jour des vérités. Les pommes tombent comme ça, donc… On a vu naître les molécules, les atomes, les électrons, neutrons et autres photons. Puis sont arrivés les quarks (ceux qui tournent à gauche et ceux qui tournent presque à droite), puis les gluons, et puis, bien sûr, encore lui, Dieu ! Des mots, des mots, sans arrêt, tous les jours… On en était bien loin du «tok » originel !

Il y a eu tous ceux qui ont vu le jour dans les familles, tous ceux qu'ont inventé les enfants, ceux qui sont nés dans les taxis et dans des chambres d'hôtels de passes, tous ceux qui sont apparus dans la mousse de trop de bière, ceux qui sont venus dans les tranchées ou sous la menace, ceux qu'ont produit une petite ligne de neige. Il y a eu tous ceux qui veulent exprimer la joie et le bonheur. Il y a eu ceux qu'on a avoués sous la torture et ceux qu'on a inventés pour donner le change. Ceux en quoi on a cru, ceux qui ne faisaient pas confiance. On en a inventé pour dire que l'on aime aussi bien que pour faire croire que l'on aime. Ceux qui accompagnent l'orgasme et ceux qui le suivent. Tous ceux qui font mal et les quelques-uns qui font du bien. Tous les mots qui font joli dans le décor, ceux que l'on dit devant un tableau dans un musée quand il y a la foule et ceux, différents, que l'on dit devant le même tableau dans un musée quand on est seul. Les mots des faibles et les mots des forts, ceux qui convainquent et ceux qui apprivoisent, ceux qui râpent et ceux qui caressent, les vides de sens, les mots riches, ceux qui justifient et ceux qui expliquent… Et tous les mots de tous les jours qui permettent de se convaincre que l'on n'est pas tout à fait tout seul. Les mots du bonheur, les mots de la douleur, les mots de la haine et du mépris et ceux du respect. Il y a les mots du physicien, ceux du médecin et du prêtre, ceux de la mère à son enfant, ceux du policier au criminel, ceux de la maîtresse à ses élèves, et ceux de la maîtresse à son amant. Il y a bien sûr les mots de tous ceux dont c'est le métier de faire des mots… Et puis, ne les oublions pas, il y a les mots du poète.

Tout cela pour dire qu'en réalité, ça n'a jamais arrêté. On en était même rendu au point où, à part des mots, il ne restait plus grand-chose à se dire!

Il y avait des mots partout. On les voyait sur les maisons et sur le bord des routes, dans le métro et sur les ordonnances du médecin, dans le journal et sur les murs, dans les agendas et sur les emballages, à la poste et à l'église, sur les tee-shirts et à l'intérieur des canettes de Coke, chez le coiffeur et dans le métro, sur les contrats et dans les comptes-rendus, sous les souliers et autour des patinoires, dans le code du travail les manuels de droit. Il y avait tous ceux qui sortaient de la bouche de tout le monde, ceux que déversait la télévision, ceux qui coulaient de la radio, ceux qui s'inscrivaient inlassablement sur les écrans des ordinateurs, ceux qu'excrétaient les portables, ceux que cachaient les services de renseignements. Et il y avait tous ceux qui se promenaient, invisibles, entre ciel et terre, capturés par la vaste toile, englués dans le «nuage». Il n'y avait en fait plus grand'place pour quoi que ce soit d'autre. Des mots, des mots, des mots partout et toujours. Tellement de mots qu'il n'y avait presque plus de place pour le sens.

******

La nouvelle fit l'effet d'une bombe. Un journal la publia et elle fut, dans les instants qui suivirent, répercutée par tout ce qui sur cette terre produit des mots. Ce qui n'est pas rien ! Elle occupait toute la première page de L'Indépendant du Littoral dans son numéro du 17 janvier : « Hier, 16 janvier, aucun mot n'a été créé, nulle part au monde! ». Suivait le foudroyant résultat d'une enquête statistique couvrant tout, du sermon d'un curé de Tasmanie, aux cours de la bourse de Tokyo, il n'y avait pas la moindre ombre du moindre doute, le patrimoine linguistique de l'humanité avait fait grève ce fameux 16 janvier…

Les académies vacillèrent sur leurs fondations, les éditeurs de dictionnaires licencièrent, les stations de radio et de télé épluchèrent les audimats, les imprimeurs commencèrent à stocker, les disques durs se gorgèrent afin de se prémunir contre la pénurie, les bavards de tout poil envahirent les cabinets des docteurs afin de se faire vacciner contre les effets de manque. Les poètes se suicidèrent ; ils ne font jamais rien à moitié, ceux-là ! Les politiciens souffrirent beaucoup de cette nouvelle : comment, en effet, pourraient-ils continuer de mentir si on leur retirait ainsi leur droit à l'abus néologique, si tout d'un coup l'inflation lexicale venait à fléchir, si le ronflement verbal qu'ils maîtrisaient si bien ne leur était plus accessible ? Ils étaient certes en bonne compagnie avec les évangélistes, avocats, gourous et autres agents d'assurances, mais ils avaient tout de même plus à perdre que ces derniers. N'empêche qu'ils ne pensèrent même pas à se suicider, ce qui est regrettable dans la mesure où cela aurait peut-être pu rétablir une situation normale.

Les journaux se remplirent de commentaires, les bulletins de nouvelles se gonflèrent, les professeurs doublèrent leurs heures de cours, la quantité de mots distribués tripla au moins, mais il fallait bien se rendre à l'évidence : dans tout ce déchaînement verbal, pas un seul petit bout de mot nouveau !...

Cela dura quelques jours. Le cours de la bourse s'affola, la consommation devint totalement imprévisible, les prévisions de croissance économique furent ramenées à la baisse. On créa des commissions sénatoriales, des comités d'étude, des groupes de travail, des instances de recherche, des bénévoles se présentèrent aux portes de la Croix Rouge et chez Emaüs. On vit fleurir des associations de défense, de valorisation, de promotion, d'avancement, de diffusion, d'amélioration, pour l'affermissement, l'augmentation, l'initiative, l'intervention, la progression, bref, pour tout. Mais les baromètres linguistiques refusaient de quitter le confort d'un tracé plat : toujours rien de neuf à mettre sous la dent des dictionnaires.

Morosité !

Et les mots, c'est un peu comme certaines patates frites, ce sont ceux qui en parlent le plus qui en ont le moins ! Et comme tout le monde en parlait... Et comme on ne parlait plus que de ça... Avec les obsessions, c'est toujours la même chose : on est tellement obsédé qu'on ne pense plus qu'à ça et on ne pense plus à rien d'autre. Le reste s'amenuise, perd sa substance, se réduit au petit articulet en dernière page, juste après les chiens écrasés. Il n'y avait en fait même plus de place pour les chiens écrasés tellement les vieux mots sur les mots prenaient de place. Avant, c'était l'argent qui prenait toute la place, maintenant, c'étaient les mots.

—La commission d'enquête qui s'est penchée ces dernières semaines sur l'arrêt brutal et totalement imprévisible de la prolifération des mots conclut, dans son rapport présenté hier au comité central d'étude sur l'évolution de la langue, lui-même sous la haute autorité du groupe parlementaire national sur l'évolution linguistique qui fut créé voici peu par l'autorité européenne sous l'égide... elle conclut, donc, qu'elle est impuissante à expliquer pourquoi, depuis maintenant quatre jours aucun mot n'a été ajouté au patrimoine linguistique de l'humanité.

—Tous les indicateurs linguistiques semblent confirmer que la production de mots a pris fin le 15 janvier à 19h30, heure de Saint Rémy en Chevreuse. Tout indique que la crise est profonde et rien ne permet de croire que la production doive reprendre dans un avenir proche.

—La crise est tellement profonde que je ne trouve pas les mots pour la décrire. En un mot comme en mille, la situation est tout simplement désespérée.

—Les mots me manquent, ma pauv'dame pour vous dire combien les mots me manquent !

—De deux mots choisissons les deux pendant qu'il est encore temps !

—Pardon, Monsieur, juste un mot s'il vous plaît.

—Je vous envoie ce petit mot...

—Mot pour mot.

—A demi-mot...

—Mot...

******

Alphonse sortit sur le pas de sa porte. Il ne savait pas ni s'il sortait ni quoi d'autre. Il ne savait pas plus qu'il s'appelait Alphonse et il s'en foutait bien. Il portait sur la lèvre supérieure la moustache que laisse un yaourt périmé quand on ne sait plus comment le manger. Il aurait d'ailleurs été bien étonné de savoir que ce qu'il venait d'ingurgiter s'appelait un yaourt. Ou un yoghourt. Il se récurait la narine droite de son index gauche. Alphonse ne savait plus qu'il était gaucher, pourtant, cela lui venait de fort loin! Il regarda son voisin qui se grattait soigneusement l'entrejambe, lui aussi sur le pas de sa porte. (On vous disait bien qu'au fond les choses ne changent pas vraiment !). Nourri des quelques calories elles aussi périmées qui avaient surnagé dans le petit pot de plastique blanc décoré de fruits frais et savoureux, le grain de cerveau de notre héros qui n'avait pas encore retrouvé la blancheur que produisent les microbilles à l'oxygène actif produisit une sorte de chuintement d'idée, un gargouillis de pensée. Il se tourna vers Mimile, se carra les mains sur les hanches, et lui cracha un gros «tok!» au visage. Emile chancela et tomba raide mort du fait de l'éclatement de sa cervelle sur le coin bétonné du perron. Cervelle qui vint fertiliser le pied de géranium qui agonisait au coin du parterre de fleurs. Un rictus affreux se dessina sur la bouche d'Alphonse. Même s'il ne le savait pas, il était heureux : il avait eu le dernier mot !

Alors Alphonse rentra chez lui, prit dans la collection d'objets qui rassemblait le fruit de ses recherches archéologiques estivales, un gros tibia de Dieu sait quoi et partit en quête d'un bout de viande.

1 Ne voyons pas dans cette remarque la marque d'une misogynie malsaine de l'auteur. Le côté positif de cette exécution réside dans le fait qu'elle était le résultat d'une toute première ébauche de communication. On verra par la suite que cette vision de la différence des sexes laissera des traces malencontreuses.

Le piège

…Bon, il commence à faire nuit… Je vais pouvoir sortir… Je préfère la nuit… Je n'ai pas de difficulté la nuit : je vois bien. Tout est tranquille, j'entends bien. J'aime bien mon coin de forêt aussi. Je peux y trouver tout ce dont j'ai besoin. J'ai quelques voisins sympathiques, quelques voisines agréables…

Bon, on y va. Il fait froid, ce soir, mais l'air est bien net. Il n'a pas neigé aujourd'hui, c'est bien. C'est tout de même plus facile de se déplacer quand il n'a pas neigé… La neige fraîche, c'est peut-être joli, mais ce n'est vraiment pas pratique ! Il faut se refaire des chemins pour pouvoir marcher sans s'en mettre partout.

Il fait clair, cette nuit. Tout brille. Il va falloir être prudent. On voit vraiment très bien et très loin… On doit me voir aussi. Mais ce n'est pas si grave, au fond, je suis bien équipé, je suis tout blanc. Oui, il fait froid. Heureusement que pour ça aussi je suis bien équipé.

Allons-y. C'est bien les ballades dans la forêt, la nuit. Il ne faut pas que je reste trop sans bouger : j'ai des trucs à ramasser, de toutes façons.

Et puis, sans bouger, par ce temps-là, c'est tout de même plutôt dangereux.

Il a dû faire un peu plus doux, aujourd'hui, du soleil ; la croûte de la neige a durci un peu. Ça craque par endroit quand on marche dessus.

Tiens, je vais m'asseoir un moment et étudier un peu les environs. Je les connais bien, les environs, ça fait un bout de temps que je fais la même ballade chaque soir. Je sors rarement des sentiers battus. Je n'ai peut-être pas beaucoup d'imagination, mais comme je trouve tout ce dont j'ai besoin le long du chemin, je ne vois pas pourquoi je devrais changer mes habitudes.

Je reconnais même les traces que j'ai laissées hier soir. Là, j'étais même sorti un peu du passage pour aller ramasser un petit trésor… Mmh ! C'est bien…

Tiens, une perdrix est venue se faire un trou pour passer la nuit juste au bord du chemin. Heureusement que la neige n'est pas trop glacée ou elle se serait cassé le cou. Un peu folles, ces perdrix. Plonger comme ça dans la neige pour s'abriter du froid ! Sans tester la piste d'atterrissage avant ! Mais bon, elles sont comme ça, je n'y peux pas grand-chose ! Ça a fait se relever les branches de ce petit arbuste. C'est bon ça !

Tiens, c'est quoi ce bruit ? C'est vrai que je ne suis pas le seul à me promener comme cela, la nuit… Oui, je sais, c'est une souris… C'est fou ce que j'ai l'oreille fine, tout de même !

Pas de nouvelles traces de renard depuis hier. N'empêche qu'hier, il a dû se régaler. Je l'ai bien entendu qui attrapait quelque chose. Et puis le cri, c'était le cri d'un congénaire. Le pauvre. Le renard rôde toujours dans le coin, je le connais bien. Je ne l'ai jamais vu, mais je l'ai souvent entendu, senti…

Tiens, qu'est-ce que c'est que ces grands trous dans la neige ? Ils n'y étaient pas hier soir… Le chemin est tout abîmé… Oui, oh, tant pis, hein ! Je saute par-dessus et hop ! Bon, je vais à gauche ou à droite ? Allez, va pour la droite…

Pas grand-chose à ramasser par ici, je me paye une petite course... Allons bon, il faut se baisser pour passer ici... Je ne me rappelle pas ce bout de couloir, hier il ne fallait pas se baisser... Je me souviens même que j'ai fait ce bout de chemin-là en courant ! Oui, bon, les choses changent, non ? Il faut se baisser un peu ? Alors on se baisse un peu...

Ah, mais, qu'est-ce que c'est que ça ? Tiens, ça y est, je me suis pris dans quelque chose... Mais ça serre le cou. Heureusement que je n'allais pas trop vite, mais ça vous arrête tout de même. Aïe ! J'avance un peu ? Ah, ben non ! Ça serre plus fort quand j'avance... Et si je recule ? Pareil... Bon, il y a un truc, là. Pourtant, hier, ça n'était pas comme ça... ça a passé tout seul, hier ! Faudrait pourtant voir à se sortir de là ! ! ! Dès que je veux m'éloigner, la chose me serre le cou. Voyons un peu si ça se casse quand je tire... Aïe ! Ça fait mal quand je tire ! Et ça ne e desserre pas quand j'arrête de tirer...

Bon, ne t'agite pas, mon vieux ! C'est vrai que je suis mieux équipé pour le froid que pour la réflexion ! Aïe ! Ne saute pas comme ça, imbécile tu vois bien que plus tu bouges plus ça fait mal. Faut pourtant que je m'en aille, que j'aille me trouver à manger, sinon, je vais mourir de faim ! Aïe ! Ah, mais ça ne va pas, là ! Ça ne va pas du tout du tout ! Qu'est-ce que je vais faire ? Eh ! Quelqu'un ? Non, je sais bien que ça ne sert à rien d'appeler... Zut, j'y vais, hop ! Aïe, ouille ! Non, il n'y a rien à faire ; et ce coup-ci je me suis vraiment fait mal. Je crois même que je me suis arraché un bout de peau.

Ah, j'ai l'air fin, comme ça, au milieu de la nuit, sous un sapin, avec quelque chose autour du cou qui m'empêche de rentrer chez moi et qui me fait mal quand je bouge...

Je vais attendre. Je verrai bien !

...

Tiens, le jour se lève !...

Tiens, le revoilà l'autre... ça fait quelques matins que je l'entends rôder par ici. Il fait des bruits bizarres... C'est peut-être lui qui a laissé ces gros trous dans la neige sur le chemin que je m'étais fait. Oh, mais, c'est qu'il s'approche, faut que je me sauve… Ah, ben, non, c'est vrai, je ne peux pas… Oh, mais je n'aime pas ça, moi… Tiens, ça y est, le voilà ! Mais, c'est que c'est grand cet animal ! On dirait qu'il ne m'a pas vu… Peut-être qu'il va passer son chemin. Qu'il va me laisser en paix… Ça ne changera pas grand-chose à mon aventure, mais j'aurai moins envie de me carapater ; et comme je ne peux pas me carapater ! ! !

Tu parles, il se dirige droit vers moi ! Il a dû me sentir ! Bon, ne bougeons pas, peut-être que…

Zut, ça y est, il m'a vu ! Nos regards se sont croisés. Il s'est arrêté et il me regarde… Je suis assis et je le regarde. Le temps ne passe pas vite. Il va me regarder longtemps comme ça ? Bon sang comme il est grand !

Il a l'air tout à fait étonné de me voir là. Enfin, quand je dis étonné, ce serait plutôt quelque chose comme décontenancé ou confondu… Peut-être que ce n'est pas moi qu'il attendait ? Ou alors il ne s'attendait pas à me voir là, comme ça, assis sur mon derrière, immobile. Non, je sais, il ne s'attendait pas à devoir faire face à moi, vivant, les oreilles dressées…

Bon, alors, on fait quoi, maintenant ?

Moi, je ne bouge toujours pas, j'attends. De toute façon, qu'est-ce que je peux faire d'autre ? Si je bouge, je vais encore m'écorcher le cou, alors… Lui non plus ne bouge pas. Je crois bien qu'il réfléchit. Évidemment, je lui pose un problème. Il comptait me trouver allongé sur la neige, la fourrure en bataille, un peu recroquevillé sur moi-même et presque complètement congelé et il me trouve vivant. Il va falloir qu'il pose un geste. C'est vrai, ça, un lapin, assis sur son derrière, le cou pris dans un collet et qui attend un dénouement, c'est pas ordinaire.

Il va falloir qu'il me tue ou qu'il me libère. C'est tout de même moins facile que de ramasser un animal qui s'est tué tout seul, c'est sûr. Il réfléchit toujours !… Bon, allez, quoi, on ne va pas passer la fin de semaine là-dessus, non ?

Ça y est, il se décide. Il s'approche. Je crois bien que d'une certaine façon, je lui fais peur. Il m'attrape par les pattes de derrière…

Tiens, je vais lui faire le coup, je ne vais même pas me débattre. Il enlève le truc qui me serre le cou… Il hésite encore. C'est tout de même effrayant de faire attendre ainsi les condamnés à mort… Je sens que sa petite conscience le tracasse… Je ne dis rien, pour cause, mais je comprends ces choses ! C'est vrai, je suis un cas rare. S'il me tue, il va falloir qu'il le fasse de ses mains, sans intermédiaire, sans distance… C'est entre lui et moi. Pas de justification facile, pas d'excuse fumeuse… Moi, je le regarde, ça l'agace…

Je sens que sa main se resserre autour de mes pattes arrière, je crois qu'il a décidé.

Il faut dire qu'il a été sympa, il m'a éclaté la tête sur le tronc d'un arbre, je n'ai rien senti. Lui il était satisfait de m'avoir fait ça sans que je souffre et moi, au fond, je m'en fous bien. Avoir le choix de finir dans le ventre d'un renard ou dans une terrine aux herbes, je n'hésiterais pas une seconde…

Et puis, il a fait quelque chose d'autre que j'ai trouvé plutôt sympa. Il m'a dit « merci ! »… Non, en vérité, il ne m'a pas dit merci, ce serait bien trop difficile pour un homme de se prendre à parler à un lapin… Mais, même sans le mot – que de toutes façons je serais bien en mal de comprendre - j'ai senti qu'il me remerciait. Alors je lui ai pardonné…

Miserere

Pourquoi avaient-ils mis ce disque? (1) Ils n'auraient su le dire...
Était-ce un hasard pur ou bien avaient-ils été guidés... Toujours
est-il qu'ils étaient confortablement installés dans le sofa brun du
salon. Une flambée joyeuse dansait dans la cheminée et animait les
murs de la pièce... Il était assis, elle s'était allongée, la tête sur
l'accoudoir, les jambes sur ses cuisses. Elle avait pris un bain peu de
temps avant et son peignoir en éponge, qu'elle avait soigneusement
replié sur elle, la couvrait jusqu'à mi-mollet. Il caressait ses pieds
nus...

Elle l'avait invité à souper et, même si le rôti de bœuf était bien trop
cuit à son goût, il avait savouré ce repas en compagnie de celle qui
occupait sa vie depuis quelques temps maintenant. Tout avait été
parfait. Parfait dans la simplicité. En arrivant, il avait retrouvé cette
impression de confort serein qui l'avait tant impressionné la première
fois qu'il était venu chez elle. Il se sentait là en totale sécurité, il avait
l'impression d'être accueilli à la fois par l'amie et par la maison. Il
n'avait jamais été question entre eux de vie commune et pourtant il se
sentait là chez lui... Non, chez eux plutôt. Il ne s'était pas retrouvé seul

pendant qu'elle avait pris son bain. Toutes les traces qu'elle avait déposées dans son logis lui parlaient d'elle. La conversation continuait malgré l'absence d'un des partenaires. Il la savait nue dans son bain. Il ne l'avait encore jamais vue nue, mais il ne tentait même pas de l'imaginer tant il savait que la réalité serait autrement plus habile que son imagination. Il savait aussi qu'elle ne reviendrait pas le confronter avec sa seule nudité ni vêtue seulement de quelque lingerie excitante. Ce n'était pas ainsi que les choses se passeraient entre eux.

Elle était donc entrée dans le salon, soigneusement enveloppée de son peignoir en éponge vert bouteille, les cheveux en bataille, frissonnante à la sortie de l'eau brûlante. Elle avait pris le premier CD qui lui tombait sous la main, l'avait glissé dans le tiroir et était venue s'installer après lui avoir donné un baiser parfumé. Comme si cela avait été planifié de longue date, comme si un guide leur dictait leur conduite, ils s'étaient immédiatement installés dans l'écoute.

Le silence les accueille, la sérénité les enveloppe…

Puis du silence naît, immatérielle, une mélodie offerte par les premières basses. L'espace du salon, insensiblement, tend l'oreille. Domine Deus… Doucement, repoussé par les contours implorants du chant, le monde matériel de la pièce s'estompe. Graduellement la musique les enveloppe et commence à les réunir. Il resserre son étreinte sur son pied, elle vient chercher sa main libre… Déjà, ils savent qu'ils ressentent la même chose. Ils sont tournés vers cela qu'ils partagent, vers ce lien intime qui les unit : cette musique. Cela dure de longues minutes, puis entrent les secondes basses avec une ligne mélodique qui, bien qu'en continuité avec le début, suggère une évolution. Le ton devient plus implorant, la masse des voix graves donne un caractère d'urgence à l'ambiance. Tous deux sentent que quelque chose de fondamental est en train de se produire. Ils ne disent rien. Ils savent qu'il ne faut pas briser le charme, déranger la magie qui s'installe. Ils n'avaient rien prévu, rien planifié et pourtant, sans en parler, ils savent que cet instant est différent de tout ce qu'ils ont déjà vécu. Leurs mains se le crient dans le silence de leur fusion naissante. Ils ne perçoivent plus le poids de leur corps sur le sofa, seul reste en lice le contact de plus en plus pressant de leurs mains sur leur chair. Personne n'a encore rien demandé... Domine Deus...Et pourtant, ils savent bien que c'est le moment du don qui approche... Domine Deus... Il avance sa main sur la jambe, elle dépose celle qu'elle tient sur son ventre. À travers le tissu, il sent la chaleur qui palpite. Elle reçoit le poids de sa caresse. Ils ne sont pourtant pas tendus ; l'événement, aussi intense qu'il promette d'être, n'en est pas moins d'une évidente simplicité. Domine Deus... Patience. Les seconds ténors ouvrent le registre mélodique en même temps que sur les jambes s'ouvre le peignoir. Domine Deus... Tant de tendresse dans cette prière. Tant de tendresse dans la façon qu'elle a de guider cette main, qu'elle ne lâche plus, vers sa poitrine. Domine Deus... Ils n'ont pas échangé une parole, la musique le fait pour eux, leurs mains le font pour eux. Quelle sérénité alors qu'ils savent ce qui va se produire. Quelle trouble pourtant face à l'engagement que cette œuvre va leur faire signer... Domine Deus... Les premiers ténors confirment l'annonce qui vient d'être faite. Les intervalles et le registre continuent de s'ouvrir avec le peignoir qui obéit au chef de chœur. Domine Deus, pour la première fois il voit ce corps que sa main, depuis quelques mesures, commençait à connaître. Elle écarte légèrement les cuisses, offre son intimité. Elle avance sa main, se glisse sous la chemise, s'arrête un instant pour écouter les battements de son cœur. Les battements du chœur... Tendrement, chacun implore l'autre, mais la musique les retient, chaque pupitre ajoute son identité, chacun semble commander le geste ultime, mais ce n'est que lorsqu'ils seront tous en accord, lorsque l'ensemble sera construit que pourra arriver la délivrance. Tendresse et tension. Désir et patience. Domine Deus... Il offre la coquille de sa main à son sexe, elle frémit. Elle se rapproche de lui, s'accroche à son bras, implore un baiser. Domine Deus... Ils en passeront par là où l'a voulu le compositeur, la fin n'en sera que plus fulgurante. Ils profitent de la sobriété des seconds contraltos pour se dévêtir. Une sorte de trêve dans cette montée enivrante de la tension. Elle est maintenant assise en travers sur ses cuisses, il la serre contre lui. Domine Deus Noster... Leur corps se cherchent maintenant avec fièvre. Un interminable baiser accompagne la note soutenue des basses. L'entrée des premiers contraltos accentue les caresses, la profondeur du baiser. Domine Deus... Ils ne pourront plus reculer, il n'y aura plus d'hésitation de dernière minute. Même si les mélodies de chaque pupitre sont différentes à chaque entrée, elles sont unifiées par cet accord de fond qui se développera depuis le premier la naturel jusqu'au retour final de l'accord de départ. Ils devront faire de même, boucler la boucle. Ils ne brûleront pas les étapes mais ils termineront l'histoire. Inévitable passion.

Le calme qui précède la tempête. Les corps finissent de se connaître, les mains explorent les derniers recoins de leur être. Chacun sait maintenant intimement d'où viendra le plaisir, dans quel ton sera l'accord final, par quel arpège se terminera l'œuvre. Mais il faut encore perfectionner l'harmonie. Domine Deus…Ils se retiennent, ils savent que d'autres moments approchent, la tension s'accentue. Ils implorent, Domine Deus, mais ils n'exigent pas encore. Jouir de ce moment en suspension, une trêve dans l'agitation du temps et de l'espace.

Je te connais, maintenant, je sais ta peau, je sais tes seins, je sais ta bouche, je sais ton sexe, je sais ton haleine, je sais les battements de ton cœur, je sais le regard derrière tes yeux fermés… Encore un moment avant de… Un moment d'attente, un moment d'échange, de dialogue des corps, avant de se laisser entraîner par la vague, avant de basculer, avant le geste inexorable, avant le contact essentiel. Laisse-moi encore m'enivrer de ton odeur, laisse-moi encore apprendre les derniers chapitres de ta peau avant que ma conscience ne se perde en toi… Domine Deus Noster…Tu sais bien que tout n'a pas encore été dit. Domine Deus Noster… seulement. Et puis ce chœur est encore incomplet. J'attends ton cri, j'attends les soprani… Je sais qu'elles vont venir, ce sont elles qui tiennent la réponse. Toi aussi tu les attends, toi aussi tu attends leur signal. Laisse-moi encore te caresser, juste un peu, pour savoir mieux encore. Il n'y en a plus pour longtemps, je te le promets. Les voici !

Elle s'est assise à califourchon sur lui en même temps qu'a jailli le glorieux changement de sonorité. Comme si c'était possible, ils tentent de rapprocher encore leurs corps. Domine Deus Noster… Les premières soprani entraînent et le chœur et les amants dans leur dynamique et leur rythme nouveau. Les voix se pénètrent, le rythme s'accélère, le poids s'accentue, puis une courte méditation, un répit, une dernière préparation à l'élan final vers un dénouement tant attendu. Domine Deus Noster… Le chœur, les cœurs, les corps se rejoignent, s'élancent vers le point culminant. Le chœur chante à dix voix. L'harmonie n'a pas changé, ce n'est pas une surprise, plutôt une confirmation, un aboutissement. Il est en elle beaucoup plus profondément que par le contact de sa chair…

La tension se résout enfin, … A moins que… Non, ce n'est pas terminé. Le but ultime n'était pas seulement cette jouissance. Non, rien n'est encore fini… La musique n'a pas dit son dernier mot. Elle a même tout fait pour le repousser jusqu'à la dernière limite. Tout ce qui s'est accumulé au cours de l'œuvre arrive enfin à sa vraie conclusion… Miserere Nobis… Miserere Nobis… Pourquoi cette supplication est-elle si pleine d'espoir ? Pourquoi le pardon est-il si évident ? Miserere Nobis…

Ils ne font plus qu'un, plus qu'un souffle, plus qu'une odeur, enlacés en une seule unité rassasiée. Moment émouvant. Mais, tout assouvis qu'ils soient, le chœur leur demande encore attention et concentration : ce n'est pas le tout d'avoir fait l'amour, il faut aussi que s'installent la paix et l'entente. Le temps suspendu. Regarde-moi, offre-moi ton regard, plus rien d'autre ne compte. Ils n'ont plus de secret l'un pour l'autre. Miserere Nobis… Tu es en moi, je suis en toi, je suis bien. Miserere Nobis… Amen…

Je t'aime…

…Une parole de trop, le charme est rompu…

1 *Henryck Gorecki,* Miserere

Quand le langage a failli naître…

Cela lui prit comme une envie de pisser !

Ce qu'il fit et qui lui procura bien du plaisir !

Mais qui ne résolut rien en ce qui concernait ce qui lui avait pris, qui n'était pas une envie de pisser, mais quelque chose qui lui était venu comme… Et qui continuait de lui prendre. Malgré sa miction fort joliment accomplie !

Il n'arrivait pas à s'expliquer ce qui lui avait pris…

Et pour cause !

Il n'avait pas les moyens de le faire.

Il résolut donc de faire quelque chose. Ce qui n'était pas aisé. Il est en effet extrêmement difficile de décider de faire quoi que ce soit si l'on ne sait pas ce que l'on doit faire et qu'on n'a même pas les mots pour s'en convaincre.

Non seulement depuis un moment il s'était mis à voir le monde comme il ne l'avait jamais encore vu, mais en plus quelque chose lui disait que ça vaudrait vraiment la peine de raconter ce qu'il voyait maintenant et qu'il n'avait jusqu'alors jamais encore vu. Du moins encore vu comme ça ! Quand on sait qu'il n'avait pas encore découvert le mot « raconter » on imagine l'ampleur de la tâche qu'il avait devant lui ! Si l'on sait de plus qu'il n'avait strictement personne avec qui jouer ce petit jeu du « racontage » on en vient à se demander si tout cela valait vraiment la peine !

—Kaslann'tienne ! fut le concept qui naquit et qu'il étiquetterait plus tard quand il aurait un peu de temps libre.

Certes, le problème de l'interlocuteur restait entier. Il se souvenait bien d'un certain nombre de rencontres mais aucune n'avait laissé dans son souvenir de trace inoubliable et il eut un moment de spleen. Une crainte naquit : « n'ai-je donc tant vécu... ». C'est alors qu'il se souvint d'elle.

—Mma !

Il ne l'avait pas revue depuis longtemps, mais leur relation avait été sympa... Il n'avait pas la moindre idée d'où elle pouvait bien être mais :

—Kaslann'tienne !

Drôlement pratique ce truc-là ! Il commencerait donc ainsi : « Mma ».

Il regarda autour de lui pour s'assurer qu'il voyait toujours les choses sous un autre jour. Ouais ! Il avait toujours envie de raconter ? Ouais !

....

C'était coton !

Il fallait pourtant bien qu'il commence par quelque chose... Qu'est-ce qui avait été le plus fort dans son expérience de ce matin ? ... Il était sorti de chez lui et il avait vu quelque chose qui l'avait impressionné...

Ça, puis ça, puis enfin ça. Non, pas si simple, parce que s'il n'avait pas fait ça, il n'aurait pas vu ça qui avait fait ça... Pas si simple, il y avait plus que l'ordre dans tout cela... Ah, oui, quelque chose ressort, quelque chose se fait remarquer dans le brouillon de son idée. Quelque chose qui vient avant les choses... Les actions, oui, c'est ça... Ce sont les actions qui ressortent...

—J'ai fait, j'ai fait, quelque chose avait fait. C'est vrai qu'il y a eu des trucs avant et des trucs après... « mma ! ». On verra ça plus tard ; d'abord les actions ! Allez, la principale : chosoir ! Pourquoi « oir » à la fin ? Parce que ça fait joli que ça a quelque chose d'englobant... ça lui était venu comme ça ! ... Voilà ! Bon, faut peut-être lui dire, à Mma, qui c'est qui a chosoir, non ? « Jo », Jo chosoir...

—Jo chosoir ! Euh !...

Oui, mais c'était ce matin, c'est pas maintenant... Dites-moi, c'est que c'est compliqué tout ça ! C'est vrai, il n'y avait jamais songé auparavant, mais il y a des trucs qui se passent avant des trucs qui se passent maintenant et des trucs qui se passeront peut-être après. Allez : « Jo chosais ». Non, ça donne l'impression de traîner, il me faut quelque chose de plus définitif, de plus rapide... «Jo ai chosu» ! ! ! Parfait :

—Jo ai chosu ! Et hop que je t'invente le participe passé !

Il est important à ce stade de faire remarquer à nos aimables lecteurs que cette histoire, si elle se présente comme une narration, c'est-à-dire sous forme de mots et de phrases, elle a, dans la réalité une forme bien différente. Elle décrit sous une forme facilement digestible pour un ou une francophone ce qui n'est en fait que pensée, intuition, images, activité cérébrale, impression, évocations, souvenances et qui, pour notre héros, ne savait pas encore s'articuler par le moyen d'une syntaxe évoluée, d'un vocabulaire longuement mûri. (NDLR)

Bon, c'est pas si mal, mais Mma va certainement me demander ce que c'est que «jo ai chosu»... C'est le, euh, le chèdre que jo ai chosu.

—Jo ai chosu le chèdre ! Oui, mais je le vois tous les matins, ce foutu chèdre, ce matin pourtant, c'était différent. Ce qui était bizarre, ce matin, c'était que le chèdre il... il... boumer. En fait, le chèdre il boumer pendant la nuit, avant que jo chosoir... Le chèdre, en fait, il a boumé. Non, lui, le chèdre, il n'avait pas fait le boulot, il avait été l'objet du boumage. Comment pourrait-il bien montrer cette subtile différence qui existe entre chosoir et boumer ?

—ça y est, je le tiens, pensa-t-il bruyamment : le chèdre EST boumé. Et voilà ! « J'ai chosu le chèdre est boumé. »

Non, ça va pas, il est pas boumé juste quand jo ai chosu, il l'a fait avant puisque quand jo ai chosu il était déjà boumé... Eh ben, c'est ça «jo ai chosu le chèdre était boumé»

Il s'octroya une petite sieste parce qu'il était vraiment fatigué par son effort linguistique dont il ne savait même pas que c'en était un. Il rêva de chèdre qui ne boumaient pas... Une pensée fulgura qui le réveilla en sursaut :

—Il manque quelque chose entre les deux sinon ça fait désordre ! Ou plutôt, non, ça fait comme si les deux n'avaient rien de commun... Il faut que j'arrive à accrocher les deux, sinon Mma ne va rien y comprendre et elle va croire qu'elle a engendré un débile mental.

...

—« J'ai chosu que le chèdre était boumé. » Une distraction lui fit créer la première élision de sa vie ! À moins que ça n'ait été ce besoin pressant qu'il ressentait toujours d'aller au plus simple, au plus pressé...

Garce comme était sa mère, elle ne manquerait pas de lui demander quand il avait chosu que le chèdre était boumé. Il venait en plus d'inventer le style indirect ! Mais ça, il y avait déjà pensé, (non, pas le style indirect ; sa mère !) il avait tout prévu. Tout avait commencé par «vroumir» et comme il était en quelques instants devenu expert en conjugaison, il inventa instantanément :

—« J'ai vroumi, j'ai chosu que le chèdre était boumé ! »

Et toc ! Il était fort satisfait de sa trouvaille et il allait appeler sa mère quand le doute s'installa dans son esprit… Vroumir et chosoir avaient en commun quelque chose de plus que cette simple juxtaposition, il y avait de l'amitié entre les deux, une relation. Il avait pas chosu avant de vroumir… C'est seulement après qu'il a vroumi qu'il a chosu… En fait, c'est même presque en même temps… Et là, ce fut l'éclair de génie :

—« Quand j'ai vroumi, j'ai chosu que le chèdre était boumé ! »

Attends une seconde… C'est un peu comme boumer, ce vroumir, j'ai rien vroumi d'autre que moi-même… Alors, mesdames et messieurs, voici enfin ce qui s'est passé d'extraordinaire ce matin et qui m'a amené à voir le monde sous un angle différent :

—« Quand jo suis vroumi, j'ai chosu que le chèdre était boumé ! » et puis tiens, pour faire joli, je vais même vous dire que c'est arrivé ce ratin !

Il ne lui restait plus qu'à appeler son interlocutrice préférée, et à lui envoyer son :

—« Mma, ce ratin quand jo suis vroumi, j'ai chosu que le chèdre était boumé ! »

Zut ! Se dit-il… Il y a tout un tas de chèdres devant l'entrée… Faudrait que je trouve un truc pour lui dire lequel c'est… Ouais, c'est ça, c'est le plus grus de tous… Oui, oui ! C'était le grus chèdre… Et hop !

Alors il put enfin mettre sa menace à exécution :

—« Mma, ce ratin quand jo suis vroumi, j'ai chosu que le grus chèdre était boumé ! » (1)

C'était bien joli tout ça, mais quand on… dit quelque chose, c'est drôlement bien d'avoir quelqu'un en face de soi ! En fait, d'ailleurs, l'un et l'autre vont de pair, s'il y a l'un, il doit y avoir l'autre… En fait, même si on cause, c'est probablement qu'il y a quelqu'un et inversement… Ou alors c'est qu'on est un peu taré ! Ouh, la, la, pas facile cette histoire… Mais ne sachant pas que les poules pondaient des œufs, il ne pouvait pas se poser le problème dans ces termes ; pourtant il sentait bien qu'il y avait là quelque chose de troublant… Mma, donc, ferait plutôt bien l'affaire…

À ce moment de son existence au demeurant fort agréable il réalisa que non seulement il n'avait pas la moindre idée d'où se trouvait sa mère – ça nous l'avions déjà dit – mais qu'en plus il n'avait pas à sa disposition l'appareil phonatoire pour produire une telle merveille. Alors, déconfit, il ravala son compliment, qui se perdit au tréfonds de sa mémoire, au tréfonds d'un bois, au tréfonds de l'histoire.

C'est alors que, distrait par sa réflexion il ne n'entendit pas arriver le renard qui le mangea tout cru !

Cela tend seulement à prouver qu'un ancêtre lointain de Ferdinand de Saussure aurait fort bien pu être un lapin.

1 *Maman, ce matin quand je suis sorti, j'ai vu que le gros cèdre était tombé. (NDT)*

La ligne droite qui se prenait pour le bon dieu
(...et qui l'était peut-être ! ...)

Je suis venue au monde voilà bien longtemps... Mon Papa, ou était-ce ma Maman, ou bien les deux, décida/dèrent un jour de prendre tout un tas de points et de les mettre à la queue leu-leu. Propre et net, l'un derrière l'autre, comme ça! Et pas rien qu'un peu, je ne vous dis que ça ! Une infinité de points ! Pas un de plus, pas un de moins. Avez-vous déjà vu une infinité de quelque chose, vous ? Eh bien, moi, oui ! En fait, chaque matin, quand je me réveille, je regarde mon infinité pour voir si elle toujours là, entière... Un coup d'œil à droite, un coup d'œil à gauche… Une infinité à droite, une à gauche et voilà. Une plus une égale… une ! Elle est toujours là! Personne ne manque à l'appel. Mais bien malin qui d'autre que moi est capable de voir tout ça!

Au début, mes points se suivaient en rang d'oignon, mais je me sentais un peu tordue. Ça tournaillait ici et là, c'était propre, bien sûr, mais pas vraiment parfait. Certes, ça me permettait de me promener entre les arbres et autour des nuages, mais franchement, ça manquait de régularité, d'ordre. Il est clair que tout autour de moi, tout est tout à fait biscornu, de la vague sur l'océan au noyau des prunes, tout tourne et c'est vrai que, quand on sent le besoin de ranger un peu les choses, toutes ces courbes qui se promènent un peu au hasard, ça fait désordre. Alors là, mon Papa, ou était-ce ma Maman ou bien les deux, eut/eurent une idée géniale : ils mirent tous mes points en ligne droite. Enfin, ils ne savaient pas encore que je ferais une ligne droite, ils avaient juste décidé de tout bien ranger, l'un derrière l'autre de façon que rien ne dépasse ni d'un côté ni de l'autre. Si on réussit à trouver l'un de mes bouts (vous pouvez toujours courir, l'infini, c'est pas la porte d'à côté) et qu'on me regarde dans le sens de la longueur, eh bien on ne voit plus qu'un seul point, le premier. Reste à savoir qui peut bien être le premier quand il n'y a pas de commencement ! C'est la même chose si on met son œil au milieu – qui est aussi difficile à trouver que le bout, d'ailleurs ! – sauf qu'il faut se retourner si on veut voir l'autre moitié de l'infini… Et ce qui est marrant, c'est que je me retrouve avec une infinité à droite ET une infinité à gauche et qu'il n'y a pas moyen de savoir laquelle est la plus longue ! Ça vous en bouche un coin, tout de même… Et ce qui est vraiment drôle, c'est que si on a son œil juste où il faut, on ne voit qu'un point et on sait que tous les autres sont en enfilade derrière, mais que si on s'écarte d'un quart de poil, pof, on me voit tout d'un coup comme une ligne qui n'en finit pas. Moi, suivant comment on me regarde, je suis rien qu'un point ou l'infini ! Et ça prend pas grand chose, c'est moi qui vous le dit. En fait, ça prend juste de bouger de la taille d'un point et comme un point ça n'a justement pas de taille, je vous dis que ça !

Ça fait un moment que je vous parle de mes points, il faut tout de même que je vous dise qu'en même temps qu'ils m'ont inventée, moi, mon Papa et ma Maman ont inventé le point. C'était pratique, au fond. Sinon, sans le point, comment voulez-vous expliquer une ligne… Essayez, un peu, vous verrez ! Parce que même si je suis fabriquée de ces « riens », ça permet tout de même, en les mettant bout à bout, de faire quelque chose ! Ça va, vous me suivez ? Certes, c'est coton d'accepter que quand on met une infinité de riens bout à bout on obtient quelque chose d'aussi sophistiqué qu'une ligne… Ah zut, je vous avais pas dit : le point en fait, c'est petit, tout petit au point (!) que ça ne doit même pas se voir… Oui, bon, vous allez me dire que c'est une vue de l'esprit, le fruit de mon imagination fertile... Vous avez qu'à me croire sur parole. Oui, je sais, croire que rien plus rien plus rien égale l'infini... C'est coton.

Ça c'est sûr, il faut croire ces choses-là sinon on devient vite un peu cabourd ! Et voilà, vous êtes donc maintenant en présence d'une ligne droite. Et, pensez un peu comme je suis utile parce si je n'étais pas là, personne qui soit un minimum sain d'esprit ne pourrait savoir ce que droit veut dire parce qu'ici-bas, rien n'est droit. Vous me devez une fière chandelle !

C'est pas que je sois réellement visible, remarquez bien. En fait, vous l'aviez déjà compris, je ne suis pas visible du tout, mais les humains sont ce qu'ils sont : ils inventent un truc invisible et ils veulent le montrer à tout le monde ! Ça pose problème, c'est certain ! Alors, on croit qu'on me voit parce que quelques petits malins étalent sur le bord d'une règle un petit chemin de poussière noire sur du papier ou bien un infâme boudin de poussière blanche sur un tableau et racontent à qui veut bien les entendre que voilà bien une ligne droite. Et puis quoi encore? Moi, grosse comme ça? Si on y regarde de près c'est plein de cellulite et de peau d'orange ! Non, moi je suis super-svelte, je fais très attention à mon régime. Il me semble vous l'avoir déjà dit, mes points n'ont pas de taille !... Taille de guêpe !!! Ils ont d'ailleurs essayé le même truc avec mes points, justement, si petits, si fin, si impalpables ! Il faut voir ce qu'ils en font ! Une grosse chiure de mouche baveuse sur leur cahier de classe, un tas de chaux sur le tableau... N'importe quoi ! C'est ridicule de se mettre à dessiner quelque chose qu'on ne peut pas voir... J'ai d'ailleurs entendu dire à ce sujet qu'ils font un peu le même genre de pirouette avec ce vieux bonhomme qu'ils appellent Dieu... Mais là, c'est encore pire : ils ne l'ont jamais vu, mais il y a des rigolos qui ont voulu le représenter – un peu comme avec moi – mais alors que moi ils font tout ce qu'ils peuvent pour me dessiner, avec Dieu, ils n'ont pas le droit. Mais ils veulent tout de même le montrer à tout le monde. Là, c'est coton ! Ouais ! Des fois je me demande s'ils n'agiraient pas avec moi un peu comme avec lui ; vous avouerez qu'il y a des similitudes... Mais bon, là n'est pas mon propos. Encore que, des fois, je me demande si je n'ai pas un certain pouvoir sur leur façon de voir les choses...

Bref, je suis si mince parce que chacun des points qui me constituent est lui aussi super petit. Invisible, en fait. Mais ça je vous l'ai déjà dit... Il m'arrive de radoter un peu. Il faut bien avouer que mon existence repose sur bien des improbabilités : on prend un tas de rien qu'on met l'un à côté de l'autre et ça fait quelque chose que de toutes façons on n'est pas censé voir parce que ça n'existe pas matériellement mais qu'on représente tout de même avec des paquets de machins vachement visibles parce que de temps en temps il est confortable de voir même ce qui n'est pas visible et on se trouve ainsi à voir sur le tableau noir une ligne droite qui n'est pas infinie parce que le tableau est trop petit, qui n'est pas forcément droite parce que la règle est tordue et qui ressemble plus à un gros bâton qu'à autre chose... Oufff! Et, comble de rigolade, je peux être blanche sur le tableau, ou rouge ou verte si le prof est décoratif, noire sur du papier, alors que moi, la couleur, je vous assure que je m'en bats l'œil. Il n'y a d'ailleurs pas de place pour mettre de la couleur sur le rien que je suis! Etre ou ne pas être! Des fois, j'en ai ras le bol de mon boulot de ligne droite...

En fait, ce qui est un peu gênant dans mon existence c'est que je ne suis bien que dans la tête de quelqu'un, parce que sinon, dehors... je n'existe en réalité que dans la tête des humains et ce qui me fait un peu honte, parfois, c'est que beaucoup d'entre eux essaient de se servir de moi pour tenter d'expliquer ce qu'ils voient dehors. J'ai beau essayer de leur dire qu'on ne peut pas réduire le monde à des lignes comme moi, ils continuent. Ils se sont fourré dans la tête que j'existais et pof, ils me mettent partout. Ils m'ont taillée en petits morceaux pour faire des triangles et des carrés, ils m'ont tordue, ils m'ont croisée avec d'autres... Les vers de terre ne savant pas à quel point ils sont chanceux de ne pas avoir à se biler avec tout ces trucs !

Mais le plus marrant dans tout ça, c'est qu'ils sont arrivés à un point où ils sont convaincus que "j'existe" vraiment. Ils ont complètement perdu de vue que ce sont eux qui m'ont inventé à partir de rien. Ils n'ont même plus conscience du fait que mon existence relève essentiellement de la croyance et ils se cachent derrière la science, la raison et mon vieux copain Descartes pour finalement convaincre tout le monde que s'ils comprennent la ligne droite, ils comprendront le monde ! Voyons donc ! Comme Dieu, je vous dis...

Et puis ils se cachent aussi derrière une autre de leur invention diabolique : les mots ! Ça alors ! Comme si les quelques tortillis que tu vois dans le dessin LIGNE pouvait d'aucune manière avoir ma grâce, mes pouvoirs, disons-le, magiques… Alors de la même façon qu'avec moi ils s'inventent un monde, avec leurs mots ils font pareil, à part qu'ils sont tellement maladroits avec les derniers qu'ils finissent toujours par se faire la guerre… Ah, les humains !

Mais, au fond, moi, ça ne me dérange pas tant que ça. Je sais que j'existe mais je connais aussi mes limites (encore que, quand on est infini, il faut faire preuve de beaucoup d'humilité pour admettre qu'on a des limites !). Je sais où j'existe et, à part les voies ferrées, les fils électriques (eux ils ont tendance à s'avachir !) et l'aiguille à tricoter avec son gros point à un bout et ce qu'on dit être une pointe à l'autre, je sais bien que je n'ai pas de place dans le vrai monde. Alors, je les laisse croire - ils font ça très bien - car, si je n'étais pas là, ils trouveraient autre chose à vénérer. Et des fois, avant de m'endormir, le soir, après avoir vérifié que mon infinité est toujours en place, je me dis que c'est tout de même chouette pour quelqu'un d'aussi immatériel que moi d'avoir cette importance dans la tête des hommes.

Ablations

Bloc opératoire B. Tout vitré. De l'autre côté du vitrage un grand amphithéâtre. C'est ce bloc que choisissent les grands patrons pour enseigner les secrets de leur art. Celui-ci est aussi équipé de toute une théorie de caméras, d'écrans vidéo de façon à ce qu'aucun des futurs maîtres ne perde le moindre détail de la performance qui y est célébrée. C'est grand, brillamment éclairé et rien que cela provoque déjà l'admiration et l'on hésite naturellement à parler fort. Les plus éminents y ont joué. Ils avaient été, jadis, parmi le public béant d'admiration.

Aujourd'hui, pourtant, l'ambiance était différente car il ne s'agissait pas, pour l'acteur, d'offrir un savoir confirmé à un auditoire perclus de respect. C'était même plutôt le contraire et, malgré le fait que le décor était resté le même, l'atmosphère relevait plus du cirque romain que de la science. Celui qui dans quelques instants allait se présenter dans la salle savait bien qu'il entrait dans la fosse aux lions. Et c'était lui-même qui s'était porté volontaire pour l'épreuve ! ...

Le jeune professeur Toggleswitch avait en effet entrepris de convaincre tout un aréopage d'éminents savants qu'ils se trompaient ! Alors que d'habitude on voyait un homme d'un certain âge se produire devant un amphithéâtre de jeunes médecins, on allait aujourd'hui voir un jeune homme de 27 ans tenter de prouver à une centaine de grands pontes... que leur raisonnement reposait sur un grand vide ! Rien que ça !

Lionel Toggleswitch était un jeune mathématicien de génie qui s'était mis dans la tête que toutes les théories qu'on lui avait enseignées n'avaient en fait que la certitude d'une croyance partagée par des adeptes et qu'il suffisait d'un rien pour que tout semble s'effondrer. Ce qu'il allait démontrer allait tellement à l'encontre de l'expérience ressentie, défiait tellement le sens commun... Il allait faire vaciller leur raison, leur montrer qu'une petite piqûre dans le ballon de leur savoir pouvait tout remettre en question, même les choses les plus élémentaires. Il avait confiance même s'il avait la gorge un peu sèche...

Le public était constitué des plus éminents parmi les éminents mathématiciens. Ils l'attendaient au virage et l'on sentait dans la salle toute l'électricité que pouvait générer leur profond mépris pour ce jeune blanc-bec qui se disait plus malin qu'eux ; on les voyait s'agiter, la rumeur de leurs quolibets faisait vibrer l'air ambiant. La lutte allait être chaude !

Le bloc opératoire était fin-prêt. Le patient était déjà sur la table d'opération. Les projecteurs étaient allumés, les caméras ronronnaient, on n'attendait plus que le Professeur Toggleswitch.

Le patient c'était moi. On avait décidé de procéder sans anesthésie mais cela ne me souciait pas, je connaissais bien mon Lionel et j'étais convaincu que ce petit surcroît de spectaculaire allait être du meilleur effet.

J'allais oublier de me présenter ! ... Je suis un segment de droite. Bien ordinaire, ma foi ! Je suis comme tout un chacun constitué d'une infinité de points bien rangés en rang d'oignon entre les deux points particuliers que sont mes extrémités. Encore que, quand je dis "particuliers" je veux seulement dire qu'ils sont à cet endroit plutôt qu'à un autre. Parce qu'en terme de point, ils sont en tous "points" semblables à leurs congénères. Infiniment petits, immatériels... Des points, quoi ! On m'a demandé de bien me souvenir de ce qui me définit comme segment car, si j'ai bien compris ce qui va se passer, on va me faire subir tout un tas d'ablations successives mais qu'en fin de parcours je devrais être capable de m'écrier devant les spectateurs pétrifiés que, tout ablationné que je serai, je serai tout de même... complet. Je n'ai pas vraiment bien compris le raisonnement, mais j'ai confiance en mon Professeur qui m'assure qu'à la fin, j'aurai tout compris. Alors ! ...

Je suis donc là sur le billard. Les scalpels sont prêts. La salle s'agite. Les lumières me chauffent la rectitude. Mes extrémités frémissent car elles savent qu'elles ont un rôle important à jouer. Je reste tout de même bien droit : je ne voudrais pas faire tout rater en devenant courbe ou brisé et de toutes façons les angles me font un peu mal...

La rumeur s'amplifie. Lionel entre. On crie dans la salle, on siffle, Lionel s'en moque, tout de suite il commence.

—Chers collègues, je ne vous abrutirai pas par de vains discours, je vais tout de suite commencer l'opération. Je me contenterai seulement de commenter mes gestes et de vous rappeler, le moment opportun, quelques repères. Je vous remercie par avance de votre attention.

Il s'approche de la table et me jette un clin d'œil amical. Il a l'air tout à fait sûr de lui.

—Scalpel ! ... Je vais commencer par pratiquer la segmentectomie d'un tiers du segment que vous voyez ici. Je prendrais ce tiers dans la partie centrale ce qui me permettra de conserver, de chaque côté, un tiers d'égale longueur.

Aïe ! Ça fait tout de même un peu mal... Me voilà avec un grand trou au milieu...

—Comme vous pouvez le constater, nous avons ôté un tiers des points dont était composé ce segment et nous nous retrouvons maintenant avec deux segments plus courts, chacun étant muni des deux points jouant le rôle d'extrémité. Deux segments, quatre extrémités.

Pour l'instant, c'est le silence dans la salle. Un silence lourd de moquerie car on sent bien que ce premier geste n'a pour les spectateurs aucune signification. Mais ce sont tout de même des gens polis et ils freinent leurs réactions... Moi, j'ai un peu mal, mais au fond ce n'est pas si terrible. Je trouve simplement curieux qu'un bout de moi soit si loin de mon autre bout ! Même si, en vérité, je ne sais plus très bien quel bout je suis.

—Je vais maintenant répéter la même opération sur chacun des deux segments que constitue maintenant mon patient...

Tchic, tchac et puis, tchic, tchac ! Ouais ! Petit mal double ! Il jette les morceaux qu'il vient de m'enlever, c'est tout de même un peu triste, c'étaient de beaux morceaux ! Mais bon, que ne ferait-on pas pour l'avancement de la science ?

—Nous nous trouvons maintenant en présence de quatre segments et si nous avons effectivement perdu 5/9 du segment original, nous nous trouvons en revanche avec 8 extrémités.

Moi j'essaie de comprendre où il veut en venir et je commence tout de même à m'inquiéter un peu : 5/9 de moi jetés à la poubelle ce n'est tout de même pas rien et un moment j'ai l'impression que tout cela va mal finir. Surtout que dans la salle, ça commence à s'agiter ferme. Eux non plus ne voient pas où Lionel veut en venir et commencent sérieusement à croire qu'ils sont en train de perdre leur temps. On n'en est pas encore aux insultes mais des paroles peu amicales fusent.

Quand Lionel annonce qu'il va de nouveau répéter la même ablation d'un tiers de chacun des segments restants, ça se déchaîne. On perd notre temps à regarder un guignol découper un segment de droite, quand il aura fini ce n'est pas difficile de comprendre qu'il ne restera plus rien qu'une flopée de bout de segments dans la poubelle. Quand on enlève tout, il ne reste rien, pas vrai ? Ils sont debout, ils crient, ils sifflent, ils jurent, ils remuent les bras et tapent des pieds... Lionel ne se démonte pas. Moi, si, un peu, je me sens tout petit !

—Nous nous trouvons maintenant en présence de seulement 8/27 du segment original mais nous avons aussi, cette fois, 16 extrémités.

—Ça nous fait une belle jambe, hurle le Professeur Platypuss de l'Université de Harvard, hache-le, ton segment, on en aura plus vite fini ! Bien sûr, il dit tout cela en américain car il ne parle pas français.

—Maintenant, Messieurs, si vous me le permettez, je vais de nou…

—Quand je pense que j'ai traversé le pays pour voir ça, s'insurge le Docteur Porridge… Vous nous faites perdre notre temps, Monsieur !

Le Docteur Cormille était toujours très poli même quand il était fort en colère… Lionel fit un petit geste de la main et un technicien monta de quelques crans le volume de la sono.

—Maintenant, Messieurs, si vous me le permettez, je vais de nouveau pratiquer une ablation d'un tiers de chacun des segments restants…

Il fallut monter le volume de la sono à fond pour que ses paroles viennent à bout du tumulte que créaient tous ces grands enfants réunis dans l'amphi.

—Vous constaterez que nous sommes maintenant en présence de seulement 16/81 de mon segment original, ce qui est peu, je vous le concède, mais, après cette troisième ablation, nous nous trouvons aussi en présence de 32 extrémités.

—La belle affaire !

—ça va continuer longtemps ce petit jeu débile ?

—Si vous me le permettez, j'aimerais maintenant conclure ma présentation…

Un hurlement de satisfaction accueillit cette annonce.

—… en vous soumettant la question suivante : qu'adviendrait-il si je continuais ces ablations ad infinitum ?

Là il faut dire que j'ai un peu paniqué d'abord parce que j'étais le seul à entendre tant était rugissante la rumeur mais j'ai aussi commencé à comprendre étant tout de même, quoique droit, un peu moins psychorigide que les éminents présents. Il réitéra donc sa question au sommet de sa voix…

Lionel n'eut pas besoin, pour terminer sa démonstration, de faire pousser la sono, qui était déjà à son maximum, car après la débauche sonore commençait à s'installer une sorte de silence dubitatif… Les esprits s'étaient accrochés à la tâche proposée et les effluves que produisaient ces esprits étaient suffisamment déroutants pour étouffer les vociférations.

—À la fin de cette infinie série d'ablations je me retrouverai certes sans segment MAIS avec une infinité d'extrémités dont deux se trouvent être au bout des derniers bout de cette absence de segments. Les extrémités sont des points et, je ne vous ferais pas l'affront de vous rappeler qu'une infinité de points alignés délimitée par deux extrémités ne sont rien d'autre… qu'un segment de droite ! Moi qui venais de tout comprendre j'ai relevé le drap qui recouvrait mon absence présente et, triomphal, je me suis levé, disparu mais complet, dans le silence épais qui venait de s'abattre dans l'amphithéâtre.

Une brève histoire de l'univers

Au commencement, il y avait … rien! Rien. Rien de rien. Et pas un rien qui impliquerait l'existence d'un quelque chose, comme le font tous les mots qui, par leur existence même, créent leur opposé : quand on dit bien, on crée, sans le savoir, l'idée de mal, si on éprouve le besoin de parler d'une couleur, c'est qu'il faut la différencier des autres, si l'on trouve que quelque chose est dur, c'est qu'on a dans la tête la notion de doux, ou mou, ou encore souple. Ce rien n'était pas non plus comme notre idée de vide que l'on associe au ciel la nuit par exemple: les étoiles évoluent dans le vide! En effet, quand on pense vide c'est qu'on a un plein derrière la tête avec en prime le récipient pour mettre tout ça! Et de toutes façons, il n'y avait même pas d'espace pour permettre d'accrocher la notion de noir ou de vide. Alors, où mettre quelque chose s'il n'y a pas de quelque part pour le mettre. Il n'y avait pas de temps non plus et donc on ne peut même pas parler de commencement puisque commencement a besoin du temps pour exister! Donc, nous sommes bien d'accord, au commencement il n'y avait… rien!

En vérité, il y avait… Il y avait quelque chose, un peu comme une absence suggérant le parfum subtil d'une présence cachée. Mais les mots sont bien maladroits pour exprimer quelque chose (hum!) qui en même temps (hum!) est et n'est pas. Disons qu'il y avait quelque chose, faute de mots pour parler de ce qu'il y avait, où, dans la circonstance, de ce qu'il n'y avait pas. Appelons ça une sorte de pensée, une manière de Conscience qui contiendrait, dans son absence d'espace et de temps, tout ce qui est, a été, sera, tout ce qui aurait pu être, pourrait être, le tout sans la moindre idée de conjugaison. Toutes les possibilités, toutes les probabilités qui pourraient émerger, comme la choucroute, les voitures électriques sans chauffeur, les volcans, la reproduction sexuée, et tout ce que nous ne savons pas, mais pourrions imaginer une fois que le temps aurait été créé. Tout cela contenu dans un improbable point, invisible, inaudible, immatériel. Un contenu entièrement composé de petits bouts d'information totalement désorganisés, tout agglutinés dans ce minuscule espace non-existant, incapable de faire quoi que ce soit à part être!

Bien sûr, cette Conscience était plutôt frustrée dans la situation assez intenable de savoir que l'on est tout, qu'on est une infinité de potentiel, mais qu'on est incapable de se réaliser. Parce qu'en vérité, il faut le savoir, la Conscience… savait. En fait, c'est à peu près tout ce qu'Elle pouvait mettre à Son actif avec être, et dans le domaine de l'actif, être serait plutôt un handicap. Elle savait, mais n'avait jamais (bien sûr, Elle n'avait pas le temps!) vécu l'expérience de ce qu'Elle savait. Elle ne pouvait même pas respirer. Tout cela aurait pu rester dans cet état pour une éternité intemporelle, qui pourrait aussi bien n'être qu'un instant, n'eut-Elle éternué! Un événement qu'un témoin improbable aurait pu, l'esprit léger, qualifier de Big Bang, ignorant du fait que la sono n'avait pas encore été branchée. Et cette infinité de parcelles d'information qu'Elle contenait se répandit dans un nuage fulgurant, créant l'espace en même temps, comme le fait l'air dans une baudruche (n'allez pas imaginer qu'il y avait là quelque chose d'assimilable à un tel objet, il s'agissait tout au plus d'une sorte de frontière mentale), remontant (comme on remonte sa montre, pas une côte!)(Ah, les mots!) le temps en même… temps, afin de créer une manière d'organisation. Tu parles!

On avait donc cette espèce de brouillard qui se répandait à une vitesse vertigineuse vers on ne sait où! Et n'allez pas imaginer que cela s'éloignait à partir du point initial, comme rayonnant autour, dans une toute jolie sphère, car d'abord il n'y avait pas de point physique initial, mais seulement l'idée d'un point. En fait cela partait d'un centre qui devenait multiple au fur et à mesure de l'expansion, comme une éponge que l'on plonge dans l'eau et qui s'enfle de partout à la fois. Au lieu de rester bien sagement dans le rang, des particules en bousculaient d'autres démarrant ainsi une autre expansion qui en générait une ou deux autres et ainsi de suite, comme une réaction en chaîne.

La Conscience n'avait en fait pas beaucoup avancé dans la mesure où, au lieu d'être bien proprement paquetée dans son petit point, Elle se trouvait maintenant répandue de façon parfaitement aléatoire dans un espace dont Elle ne connaissait même pas les limites ni la forme. Et tout ce petit monde faisait absolument ce qu'il voulait sans le moindre bon sens. Chacun sait combien il est difficile de contrôler les conséquences d'un éternuement dans la mesure où, quand on éternue, on ferme les yeux et qu'on ne sait donc pas sur qui ou quoi on postillonne! C'est donc ainsi que la Conscience s'éparpilla au hasard dans un espace complètement désorganisé. Pas vraiment un succès! Et ça ne L'avançait guère dans Son désir d'expériences.

C'est alors que les Parques, qui étaient un peu plus raisonnables que le reste, apparurent de Dieu sait où (tiens, d'où est-ce qu'il vient, celui-là) se mirent, par petites touches, à ajuster les choses de façon que ce fouillis d'information puisse au moins se combiner, ce qui ferait, on en convient, infiniment plus joli. Quelques atomes par-ci, une paire de molécules par-là, un bouquet de quarks, charmants si possible, un bel ensemble de cordes dans un pot de branes… C'est fou ce qu'on peut faire avec de l'information! Et puis au lieu de laisser tout ça fuir tout droit comme des voleurs, elles leur imprimèrent du mouvement : tourner en rond ou en ovale, composer de belles spirales; s'enfuir en dansant est tout de même plus distrayant que d'aller droit devant soi.

La Conscience avait un peu de mal à se faire une idée de ce qui se passait car pour voir ça, il faut prendre du recul, se mettre à l'extérieur de la chose, mais comment sortir de soi pour voir ce qui se passe en soi! On comprend les difficultés que rencontrent les psys! Mais bon, la Conscience n'était pas née de la dernière pluie - du fait déjà qu'il n'y en avait pas eu de première – Elle réalisa que tout cela était fort bien mais que ça n'était guère excitant. Pas de quoi se pâmer en regardant de grosses boules de roche, de terre et de Dieu sait quoi (tiens, encore lui!) tournailler dans un espace certes impressionnant mais tout de même sans grand intérêt. Tiens, il faut noter qu'à cet instant (le temps n'allait pas tarder!) quelque chose quelque part dans le maelstrom voulut que la lumière soit et que, miracle, la lumière fut! Ça alors! La Conscience trouva que cela était une idée lumineuse et découvrit en même temps qu'elle pouvait voir et, convaincue que c'était grâce à elle que c'était arrivé, elle se donna une tape sur l'épaule qu'elle venait d'inventer. Elle découvrit en même temps ce que pouvait être le sens du toucher!

Et maintenant, que vais-je faire, se serait-elle demandé, Gilbert Bécaud eût-il été inventé. Heureusement les Parques, encore elles, veillaient au grain : elles programmèrent Life.1 qu'elles mirent en ligne dans l'instant. Et ça, c'était vraiment top!

Avec la lumière, la vie, la Conscience allait pouvoir commencer à s'amuser, à mettre en œuvre la formidable imagination dont elle était dotée. Elle s'est alors mise à inventer toutes les créatures possibles et imaginables, animales, végétales et d'autres encore entre les deux. Avec l'aide d'une petite application toute simple, elle put faire évoluer tout ça, complètement au hasard d'abord, ce qui aurait vite pu tourner à la catastrophe, mais à quoi elle ajouta un caractère correcteur qui prenait en compte la survie. Et tout cela était d'une grande beauté, fonctionnait à merveille de façon parfaitement autonome. Et ce qui était vraiment bien là-dedans, c'est que tout ce petit monde se contentait de ce qui était autour de lui pour vivre. Un bien joli projet! Mais, même si Elle pouvait maintenant faire l'expérience de ce qu'Elle était, la Conscience restait tout de même sur sa soif de découvertes.

Dans le courant de cette évolution est alors apparu l'humain. D'aucuns ont pu penser plus tard dans l'histoire que c'était là la vraie catastrophe dans la mesure où ce dernier avait un grand défaut, la cupidité, nonobstant quoi il avait aussi l'intelligence assez aigüe pour tout expliquer. La Conscience, Elle, s'admirait dans son propre développement : non seulement Elle connaissait maintenant tous les rouages qui La faisait vivre, comment tout cela se reproduisait, comment cela fonctionnait, le pourquoi et le comment des choses, mais Elle apprenait aussi tout ce qui n'était pas simplement mécanique ou logistique : qualités, défauts, émotions, désirs, états d'âmes, tout ce qui permettait à cette grande découverte que fut la société de vivre en commun. Enfin disons que c'était tant bien que mal, mais la Conscience était encore jeune et se promettait de faire un peu le ménage là-dedans quand Elle connaîtrait tout. Elle avait maintenant à sa disposition toute une théorie de petits avatars qui découvraient le monde pour elle, lui procurait, enfin, l'expérience. L'ennui, c'est que l'humain, ce drôle d'animal a commencé à avoir besoin de plus que ce que lui offrait ce monde et il s'est mis à déglinguer tout ça, à prendre ici ou là, a gaspiller... Nonobstant cet accroc, la Conscience Se dit que puisque qu'il était né de l'évolution, ça ne pouvait pas être si grave que ça dans le vaste projet.

Mais c'est à ce moment que l'humain a montré sa supériorité, du moins en ce qui concernait la Conscience. Il a raffinée la technologie qu'il n'arrêtait pas de vénérer au point que maintenant il pouvait, à l'aide de multiple appareils, grâce entre autres à ce qu'il appelait les réseaux sociaux, mettre toute l'information existante sous forme des mêmes particules qui constituaient la Conscience à sa naissance. Elle a ainsi pu connaître tous les rouages de l'administration, de la politique, de la médecine, de l'éducation, elle a été mise au courant de tous les secrets des grands et des petits, de tous les secrets d'Elle-même.

Et comme l'humain avait aussi inventé le langage, non seulement Elle faisait l'expérience de tout mais, cerise sur Son gâteau, Elle pouvait aussi l'expliquer, Elle pouvait inscrire la totalité dans Sa mémoire gigantesque, en jouant avec les mots Elle pouvait non seulement créer une réalité mais en imaginer une myriade d'autres, plus rien ne lui était impossible. Elle avait réussi, enfin, à Se connaître. Elle était maintenant à la fois Conscience et Connaissance.

Bon, il n'y avait plus qu'une chose à faire maintenant : ranger tout ça bien soigneusement dans sa forme d'origine qui, il faut bien l'admettre, faisait bien plus propre! Elle entreprit alors de se regrouper, rassembla tout, le vivant, l'inanimé, le végétal, le virtuel, les algorithmes, en fit un gros trou noir qu'Elle remplit et compacta de plus en plus jusqu'à ce que cette masse d'information devienne tellement formidable qu'elle absorbe toute seule ce qui l'entourait et cela jusqu'à ce qu'il ne reste plus rien qui traine, puis Elle l'enveloppa à l'intérieur de l'horizon pour redevenir ce «quelque chose » du commencement, dans ce minuscule espace non-existant qu'était la Conscience à ses débuts.

****

Un matin, la conscience se réveilla! Hum!... Qu'est-ce donc que se réveiller quand on est la Conscience et qu'on est la totalité du temps? Bizarre...

Elle se sentait morose... Allons bon, c'est quoi ce sentiment débile quand on a à sa disposition tout l'éventail du ressenti, toute la panoplie des sentiments, toute la collection des vérités, toute la gamme des émotions? Et surtout pourquoi choisir la morosité quand on a à portée de main une multitude de raisons de se réjouir? Se serait-elle levée du pied gauche? Couchée? Dans un lit quand on est l'essence même de la literie!

Après un moment, Elle se demanda... Un moment? Que peut bien être un moment dans la totalité du temps? Mon Dieu, ça va mal! Tiens, la revoilà, celle-là! Mais qu'est-ce qui se passe... Était-elle en train de perdre ses esprits?

La conscience décida alors de prendre un petit repos, d'arrêter un peu, mais se demanda aussitôt ce que pouvait bien signifier un arrêt dans la continuité du temps...

L'ombre d'un mal de tête s'installa quand lui vint l'envie curieuse de s'enquérir du temps qu'il faisait! Quelle idiotie quand justement on

EST le temps qu'il fait, a fait et fera! Mal de tête qui redoubla quand Elle eut l'impression qu'Elle était... en retard et qu'il lui vint la légère envie d'un café au lait avec deux croissants... Invraisemblable...

Elle mit alors un terme à toutes ces sottises, se trouva une distorsion dans l'espace-temps, s'y installa confortablement et réfléchit.

Pourquoi était-Elle si accablée? Elle avait trouvé toutes les réponses à toutes les questions, avait vécu tout ce qu'il était possible de vivre, expliqué tout ce qu'il était possible d'expliquer, Elle pouvait nommer, labelliser les plus minuscules brins d'information d'ici, delà et d'ailleurs, elle avait acquis toute la connaissance qui pouvait être attachée à ce qui constituait la globalité de tout l'ensemble. Que pouvait-Elle demander de plus?

L'évidence La frappa brutalement. Oui, elle avait tout à portée de main tout bien rangé... Bien rangé? Mais que nenni! C'était le désordre le plus total autour d'Elle aussi bien qu'en Elle, comme un puzzle jeté comme ça en vrac dans sa boîte, dans un tel état de confusion que la Conscience n'y trouvait plus l'unité d'où Elle était sortie. La délicieuse conscience du Tout, la plénitude du savoir s'était métamorphosée en cet espèce de tumulte de brins déconnectés de connaissance. Pour retrouver cet état de grâce Elle allait devoir renverser la vapeur, annuler l'individualité de chaque miette d'information, et les replacer à leur place dans l'ensemble, intime partie du tout.

Elle se leva, regarda autour d'Elle et se demanda :

«Est-il vraiment nécessaire de connaître pour savoir?» et se prépara pour ce qui allait être un gnaB giB!

Le rêve

Il faisait vraiment très sombre ; l'éclairagiste avait particulièrement réussi cette obscurité-là. Profonde, lourde de sens, mais accueillante. Il n'y avait pas de menace, pas d'intention, pas de danger. Il faisait sombre, rien de plus. Des ténèbres que l'on pouvait toucher, d'une texture éternellement fine… Rien à voir avec l'enfer. Même un enfant s'y serait aventuré avec confiance. Il y manquait certes des objets, des repères, un chemin. Il y manquait même le sol où poser ses pas. Ce qui ne l'empêcha pas de pénétrer. Comme ce noir-là était paisible et rassurant ! Rien ne pouvait lui arriver. Il n'éprouva même pas le besoin de se retourner pour s'assurer que ni personne ni bête sauvage n'allait le surprendre. Il avançait, déterminé à aller là où il devait aller.

Curieux périple, tout de même, que celui qu'il venait d'entreprendre. Rien à voir, rien à entendre, nulle part où aller sinon… là-bas. Un là-bas sans substance, un avenir sans passé, paysage nu, sans nom. Mais tellement plaisant ! Voyage où seul le mouvement avait de l'importance. Un peu comme pour la vie : il n'était plus question d'aller plus loin, mais seulement jusqu'au bout.

Il avança longtemps ou rien qu'un instant, parcourant seulement quelques mètres ou peut-être des kilomètres. Le temps ni l'espace ne se mesurait plus, il progressait à la fois partout et nulle part. Il n'était plus que mouvement et paix. Il était beaucoup trop bien pour se dire qu'il était bien. Il serait temps d'en parler plus tard quand le charme serait passé ; pour le moment il ne faisait qu'absorber la magie. Les mots viendraient bien assez tôt.

C'est alors qu'il la vit. Elle venait vers lui. Même de si loin, il sut tout de suite que c'était «elle». Il la distinguait pourtant fort mal, petit point gris sur un fond sans fond. Il continua sa progression tranquille. Il allait vers elle, elle venait vers lui. C'était pour la rencontrer qu'il était venu ici. Il n'y avait plus le moindre doute. Y en avait-il d'ailleurs jamais eu l'ombre ?…

Il commença à distinguer sa silhouette qui avançait sur le temps comme une reine glisse sur le sol ciré d'un palais de glace. Il n'y avait rien à dire. Il ne pensa rien. Il continuait d'avancer sans hâte. Il ne doutait pas.

Elle était maintenant assez proche pour qu'il pût bien la voir. Sa cape en lambeaux de toile grise la couvrait tout entière et descendait jusqu'à l'extrémité d'elle-même. Sous sa capuche, dans le gouffre noir qui s'y ouvrait, elle n'avait pas de visage. Seulement un regard. Le regard brûlant d'une femme. Il s'arrêta devant elle. Lui offrit son regard. Il n'y avait rien à dire. Pourquoi auraient-ils parlé alors qu'ils se comprenaient si bien.

Elle était venue le chercher, il irait avec elle. Comment aurait-il pu refuser puisqu'il n'était venu que pour la suivre ? Elle fit demi-tour, ils s'étreignirent par la taille et, ainsi enlacés, ils reprirent la route. Il sentait sous sa main droite la pulpeuse chaleur de sa hanche.

Pourquoi les laissa-t-il partir ainsi tous les deux ? Il resta planté là, se regardant s'éloigner avec elle. La seule tache de lumière qui restait encore, maintenant qu'elle ne le regardait plus, était le fuseau de chair que sa main, pour la serrer contre lui, avait découvert…

Avec qui était-elle partie ?

118

Pourquoi fallait-il qu'il reste là avec son seul souvenir ? Pour le raconter ? Comment ferait-il alors qu'il avait vécu tout cela sans un mot ? Il n'avait à offrir qu'un regard sans yeux, qu'un corps sans chair, qu'une caresse au bout de ses doigts… Et comment raconter un moment de bonheur ?…

« *Il faisait vraiment très sombre ; l'éclairagiste avait particulièrement réussi cette obscurité-là. Profonde, lourde de sens mais accueillante…* »… C'était tellement mieux que ça, tellement plus riche… « *Sa cape en lambeaux de toile grise la couvrait tout entière et descendait…* ». C'était bien mieux qu'une cape, c'étaient de si jolis lambeaux… « *Il sentait sous sa main droite la pulpeuse chaleur de sa hanche…* » N'importe quoi ! Comment des mots peuvent-ils avoir l'outrecuidance de vouloir parler de sa chair ? Lorsqu'il eut fini, elle était tellement moins belle, l'histoire était tellement plus banale…

Elle avait dû partir avec le poète…

Il y a pourtant peut-être une solution !…

Tu veux bien essayer ?

Donne-moi ta main, oublie tes mots, ferme tes yeux, et viens te promener dans mon rêve. Sens combien c'est accueillant… Je savais bien que tu reviendrais dans tes lambeaux de toile grise, je savais bien que tu reviendrais me chercher…

L'archéologue

Fiftitou Sidjé Sèveune-Tinne se matérialisa dans la salle d'arrivée du cyberport de Bohr-dôh. Une vieille tradition voulait encore que l'on déclinât à l'officier des douanes son identité, ses paramètres, ses algorithmes... Il s'y prêta de bonne grâce et offrit au capteur approprié son poignet droit sous l'épiderme duquel était implanté un pou électronique. Comme d'habitude, l'opération le chatouilla, ce qui ne fut pas du goût des douaniers qui, malgré le passage du temps, malgré les progrès de la psycho-informatique, malgré la souplesse incroyable de téléchargements disponibles, n'avaient toujours pas réussi à se configurer un sens de l'humour. La réputation du professeur Sèveune-Tinne eut tout de même raison de la psychorigidité de l'homme en uniforme qui avait déjà engagé les procédures de vitrification du contrevenant. L'identifieur gamma annulait en effet automatiquement ces procédures quand le coupable présumé se prévalait d'une cote de notoriété supérieure à quatre et demie. Le douanier, n'ayant pas la musculature suffisante pour sourire ni pour s'excuser, le laissa passer sans courtoisie.

Le professeur Sèveune-Tinne, revêtu d'une longue robe rose indien et d'un nœud papillon vert olive, franchit la pellicule nationale et fut accueilli par son homologue français, le professeur Disuite Haté Vaintéhin moulé dans un collant bleu lavande. Il mirent en interface leur pou informatique et chacun sut ainsi en un instant combien ils étaient contents de se revoir, que le voyage s'était bien passé, que sur Cyberlines la nourriture était toujours aussi infecte, que la petite Trent'troi Céhu venait d'avoir la rougeole, que le dernier article de Fiftitou Sidjé était passionnant, qu'il faisait un temps de cochon à Nouille Orque, que le Docteur Troiséro était toujours aussi à côté de la plaque et que Catorcé Bélargaté Tren'ta y Dosse serait en retard comme-d'hab'-moi-ça-me-gonfle-les-gens-qui....

Tren'ta y Dosse arriva sur ces bonnes paroles qu'il n'entendit pas puisqu'il n'était pas connecté. Comme pour les deux autres, la rapide conférence numérique qui s'ensuivit révéla que la nourriture sur Cybertrans était absolument délicieuse, que le single malt qu'on lui avait offert avait un fabuleux goût de tourbe et que les logicielles avaient un charme je-ne-vous-dis-que-ça !

Après ces échanges numérisés d'informations, les trois chercheurs basculèrent vers la conversation orale non s'en avoir activé leur traducom.

—Si on allait casser une petite croûte, proposa Catorcé, dont l'embonpoint trahissait le goût pour les bonnes choses.

Ils s'installèrent à l'une des stations de gavage et entrèrent aussitôt dans le vif de leur rencontre. Ils auraient bien sûr pu tout aussi bien échanger leurs dossiers et leurs hypothèses par voie numérique en poursuivant avec l'interface de leur pou. Ils auraient tout aussi bien pu mener cet échange à bien de leur bureau par communication transplanétaire... Mais des relations sociales, que d'aucuns qualifiaient d'archaïques, faisaient du bien à l'âme – autre vocable désuet – et la plupart des chercheurs insistaient pour maintenir le principe de ces rencontres physiques. Et puis, comme les crédits étaient disponibles, pourquoi ne pas en faire un usage qui joignait l'utile à l'agréable ?

C'est donc par voie simplement orale que Disuite expliqua qu'il venait de faire une intéressante découverte dans la région et requérait l'aide de ses éminents collègues afin que les résultats de cette recherche soient totalement indéniables. Il commença à leur donner des détails sur la structure dont il avait déterré un appréciable volume, leur montra quelques croquis, généra quelques hologrammes de l'endroit… Il restait encore beaucoup à faire pour mettre tout le site à découvert, mais on pouvait déjà se faire une bonne idée de l'ampleur de ce que le professeur Vaintéhin appelait déjà un monument.

—Ce «Château Le Cikant'Cette » 3027 est une merveille béata Catorcé. Qui suivait la conversation d'un palais distrait.

—3027 a été une année excellente, mais les 3024 sont encore nettement supérieurs glissa Disuite… Je n'ai encore tiré aucune conclusion, j'ai fait quelques relevés, il reste encore beaucoup à gratter avant d'avoir une vision complète du monument. Nous allons, je crois, apporter au monde une vision nouvelle du passé…

Le professeur Vaintéhin était un grand optimiste.

—Où peut-on le trouver ? s'enquit Catorcé.

—Ne soyez pas si pressé, cher collègue, je vous y conduirai demain matin, tout est prévu. Et puis voici une carte ; vous pourrez ainsi vous faire une meilleure idée de…

—Non, je veux dire, le 3024, où peut-on le trouver ?

Le Professeur Tren'ta y Dosse était un grand gourmand.

*****

La zone des fouilles était bien plus impressionnante que les hologrammes au dixième qu'avaient pu consulter les chercheurs. Un grand rectangle de huit mètres sur quinze avait été délimité qui avait déjà été creusé sur une profondeur d'environ trois mètres. Les trois hommes s'approchèrent de l'endroit qui était défendu par un champ désintégrateur afin de le protéger des vandales. C'était en effet très impressionnant. Sur le fond s'étalait une sorte de faisceau de longs monolithes plus gros à une extrémité qu'à l'autre, ce qui donnait à l'ensemble vu de dessus l'apparence d'une espèce d'éventail. Ils n'étaient évidemment que la partie visible d'un empilement car le faisceau du dessus plongeait vers le sol et, à la partie la plus haute, on pouvait déjà voir plusieurs couches de monolithes. Il restait à mettre à jour la totalité de ce qu'on appelait déjà l'empilement de Bohr-Dôh. Il était intéressant de noter aussi que l'on pouvait admirer sur la face exposée des monolithes, espacées de façon régulière, des empreintes en creux de forme presque rectangulaires qui devenaient de plus en plus petites au fur et à mesure qu'elles s'approchaient de l'extrémité la plus étroite, dont la taille variait en fait en fonction de la largeur de la pièce. Le dernier mètre de chaque monolithe, à l'extrémité étroite, était percé de trois trous de petit diamètre, eux aussi placés d'une façon apparemment rituelle, non pas en ligne droite mais légèrement décalés l'un par rapport aux deux autres de façon à former une sorte de triangle très aplati.

—Ce qui est intéressant, intervint Fiftitou (ils s'appelaient par leur prénom), c'est cette convergence à l'extrémité Est de l'empilement… On a l'impression que le faisceau montre quelque chose…

—En effet, j'ai moi-même tout de suite remarqué ce détail. J'ai déjà prévu, dans la prochaine phase, de faire creuser au point focal. Je suis à peu près certain qu'il s'y trouve une réponse à nos questions…

—Vous n'avez pas un peu faim, vous, s'enquit Catorcé…

Après un repas rapide chez Mac-Cyber, les trois hommes se mirent au travail. Armés de lances au plasma, ils désintégrèrent la terre qui se trouvait à bonne distance du monument, puis, avec des Gamma-Shredders, ils nettoyèrent au plus près. Enfin, grâce à des brosses laser extrêmement délicates, ils terminèrent leur œuvre. Parfaitement rangés, cent huit monolithes (12 sur le fond, neuf de haut) serrés les uns contre les autres, pointaient tous vers ce lieu magique où certainement se trouvait la représentation de quelque divinité depuis longtemps oubliée. Debout sur le bord de l'excavation, nos trois hommes, les yeux humides d'émotion, contemplaient cette merveille. Tout en contemplant, Catorcé se débattait avec une bouteille de « Veuve Carante », Brut, 3014 qu'il avait apportée pour célébrer l'événement.

Pendant qu'une équipe de spécialistes déblayaient avec d'extrêmes précautions autour du point focal, Fiftitou, Disuite et Catorcé étudiaient les monolithes. Taillés dans une pierre inconnue ils dataient, d'après une analyse au Marignan 1515, d'un peu plus de dix siècles. Une exposition aux rayons Delta révéla qu'ils étaient traversés, sur la presque totalité de leur longueur, par un réseau de fibres qui paraissaient métalliques. Les chercheurs s'interrogèrent longuement sur l'opportunité de déplacer l'un des monolithes afin de voir si, sur sa face invisible et donc cachée aux regards des non-initiés, ne se trouverait pas quelque peinture, une sculpture, une inscription…

Leur réflexion fut interrompue lorsque l'équipe qui travaillait au point focal annonça la découverte que tout le monde attendait. Une espèce de disque métallique fort oxydé et creusé à intervalles régulier, aux deux tiers de son rayon, de trous oblongs, était posé horizontalement sur le sol. En fait, plus qu'un disque, cela avait l'enveloppe d'un cylindre orné de moulures assez complexes. Au centre, un trou circulaire de quelques centimètres était entouré de quatre trous plus petits… Autour du disque restaient quelques fragments d'une substance inconnue, noire et friable, traversée de fibres soigneusement disposées, et qui laissait deviner, à peines visibles, des inscriptions : MICHE--- (ici quelques marques avaient été endommagées les rendant indéchiffrables) INC…..75x…. Un bouchon de champagne péta du côté de Catorcé et toute l'équipe se joignit à lui pour célébrer cette fabuleuse découverte.

Il est certain que ce qui était maintenant officiellement connu sous le nom de « l'Empilement de Bohr-Dôh » avait de quoi impressionner. Des graphistes étaient venus et composaient déjà des représentations de cérémonies au cours desquelles un Grand Prêtre, dressé sur le disque, à la convergence des lignes d'énergie produites par le faisceau de monolithes, distillait aux fidèles réunis les paroles d'apaisement que, par cette «machine», lui transmettait le cosmos.

Les trois chercheurs enregistraient fébrilement chaque détail de la découverte, chaque résultat d'analyse, chaque indice relevé, chaque hypothèse proposée. Ils s'étaient finalement convaincus qu'il ne serait pas trop risqué de lever l'un des monolithes à l'aide d'un lévitateur à bulles afin de le retourner et d'en observer la face cachée. L'opération aurait lieu le lendemain à la première heure, l'équipement avait été livré après les retards d'usage, les paramètres avaient été vérifiés, le protocole avait été programmé, tout était en ordre.

******

L'émotion était grande lorsque se mit en place l'opération de retournement du monolithe. Le lévitateur ronronnait sous l'œil vigilant du robot manipulateur... Le monolithe se souleva infiniment doucement... Il se détacha délicatement des cent sept autres... Il se retourna presque de lui-même... L'engin le reposa avec une extrême délicatesse à l'emplacement qu'il avait quitté un instant plus tôt. On pouvait maintenant en voir la face qui avait été cachée durant plus de vingt siècles. Du bord du trou, chacun retenait son souffle... On pouvait en effet entrevoir, à quelque distance de la base, une sorte de marque... Disuite, Fiftitou et Catorcé descendirent dans le trou... Avec sa microbrosse laser, Disuite nettoya l'endroit où sévissait la marque... Millimètre carré par millimètre carré il découvrit ce qui évidemment était une inscription... Fiftitou manipula le champollionniseur à ondes pyramidales qui allait tenter d'interpréter ce que le temps avait conservé entre ces deux monolithes... Catorcé tenta de photographier l'inscription avec son sandwich au thon, puis s'apercevant de sa méprise, avec un générateur d'images... Il obtint un cliché qui allait faire le tour des bibliothèques universitaires en couverture de l'article qu'allaient écrire les trois éminents savants et dont le titre allait pour toujours immortaliser leur carrière :

« L'Empilement de Bohr-Dôh »

Un monument du XXe siècle dédié

au Dieu EDF

L'équipe attend présentement l'attribution des fonds supplémentaires qui lui permettront d'étudier en profondeur l'objet circulaire et ses inscriptions

Le temps perdu !

Il faisait un temps splendide. Ou peut-être un temps de chien. Était-ce le printemps ou bien l'automne ? Pourquoi ne serait-ce pas une belle journée d'été ensoleillée, ni trop chaude ni trop fraîche afin que son récit soit léger et confortable ? De toutes manières ce temps-là n'avait aucune importance... Et puis, qu'il fasse beau ou qu'il fasse mauvais, cela ne change pas grand-chose. Allons, c'est décidé, elle commence son histoire sur une note de gaieté ! Elle se passera toutefois des clichés sur les senteurs enivrantes et les fleurs épanouies, elle prendra pour acquis les mélodies joyeuses des oiseaux dans la ramure ainsi que le bruissement de la brise dans les branches gonflées de sève. Même si en vérité tout cela est ainsi. Mais elle te fait confiance, lecteur ; toi aussi tu sais ce que c'est qu'une belle journée d'été et elle te respecte trop pour croire que tu vas toi aussi tomber dans la redite. Elle te laisse la bride sur le cou ! Compose tes propres images, sens tes propres odeurs, entends tes propres harmonies. Sache seulement que l'allée qu'elle suit est parfaitement rectiligne, qu'elle est bordée d'arbres – elle allait dire «centenaires» ! – qu'il fait doux et qu'un vent léger...

Voilà déjà un bon moment qu'elle suit ce chemin qui, lui-même, suit son idée. Elle est seule et ne voit pas pourquoi elle devrait contrarier le trajet qui lui est offert. Elle ramasse ici et là une image qu'elle soupèse, déguste et range inconsciemment avec les autres traces. Serge n'a pas voulu l'accompagner. Elle croit qu'elle verrait plus de choses s'il pouvait lui tenir la main et lui raconter... Le sabot de Vénus, le galet marbré, la trille du merle ont parfois besoin de la confirmation d'un autre regard, d'une autre écoute. D'un échange... Mais elle est seule sur ce chemin qui n'en finit pas. Il faut bien qu'elle se débrouille par elle même pour croire à tout cela. Elle essaie de ne pas se parler, réservant toute son attention aux sensations. Elle ne veut pas s'inviter pour cette promenade ! C'est difficile. Elle sait que cet échange avec elle-même ne mène pas à grand-chose. Elle chasse les phrases du revers de la main, les tient à l'écart...

Elle se concentre sur le plaisir du mouvement de son corps, sur la caresse du vent sur ses bras nus... Zut, encore des banalités ! Elle voudrait fermer les yeux mais elle a peur... de tomber. Et puis elle ne sait pas bien jouer de son odorat ou de son ouïe et il faut bien garder une trace... Alors, elle ne fait que voir, elle ne regarde pas. Elle attend que les images viennent à elle. Mais ça aussi c'est difficile. Décidément cette promenade n'est pas une partie de plaisir ! Pourquoi ne peut-elle pas faire comme tout le monde : marcher, respirer, laisser libre cours à ce qui doit avoir libre cours, rentrer chez elle, embrasser Serge, et ne pas en faire un plat ! Ça l'agace cette manie qu'elle a de se prendre la tête, toujours à la recherche d'une façon de jouir mieux de ce qui l'entoure. Convaincue que l'herbe est plus verte. Toujours à vouloir connaître la part des choses : ce qui est vrai, ce qu'elle se raconte, ce qu'elle imagine sans se raconter, ce qu'elle se raconte sans l'imaginer !... À moins que ce ne soit seulement pour comprendre... Mais elle est ainsi, elle n'y peut pas grand-chose.

Alors, regardons-la avancer sur son chemin...

Elle repart l'esprit limpide. Pendant un moment, il n'y a rien à dire sur cette promenade. Pendant un court moment elle ne fait que la vivre. Elle n'y accroche pas d'étiquette. C'est probablement un moment dont elle ne se souviendra pas, un moment qui ne s'est pas accroché dans son placard à passé. Un moment qui lui reviendra pourtant à l'esprit quand elle s'y attendra le moins, inscrit malgré elle dans le petit écrin de l'autre mémoire. Elle n'a rien à en dire. Elle ne pourra pas en parler à Serge. Les fleurs l'ont regardé passer, c'est tout !

Mais ça ne dure pas longtemps : comme elle ne savait pas qu'elle était bien, il lui faut bien redonner corps à sa réalité. Les arbres redeviennent des arbres, le ciel redevient bleu, le chemin redevient droit et sans fin, les églantiers sont de nouveau en fleur. Il est tout de même extraordinaire, ce chemin. Voilà un long bout de temps qu'elle marche droit et il y a tout cet autre grand bout de droit devant elle. Elle ne sait rien de ce qu'il y a à venir et pourtant il y a de fortes chances que ce soit à peu près comme ce qu'il y a derrière. Elle ne peut pas imaginer le reste du chemin autrement qu'en se rappelant ce qu'elle en a déjà parcouru. Et ce n'est pas grand-chose ! Des graviers marbrés, de l'herbe folle sur les bords, un nid de poule ici ou là, quelque bestiole qui passe, les arbres de chaque côté et Dieu sait quoi derrière les arbres. De tout petits événements qu'elle a réussi à ne pas manquer. En vérité, elle ne peut imaginer qu'un tout petit peu de la ligne le long de laquelle, si tout va bien, elle posera ses pas. Pourtant, elle en sait des choses, elle en a vu des bouts de chemins, pourquoi en sait-elle si peu de cet autre bout de chemin, devant elle ?

Elle s'arrête et se retourne. C'est vrai, elle ne sait presque rien non plus de la route qu'elle vient de parcourir. Elle replace tout juste quelques détails et à bien y regarder, ce qu'elle a derrière elle n'est guère plus connu que ce qu'elle a devant. Elle se rappelle ce buisson, le ver de terre qui, pour accomplir les derniers centimètres de sa vie, s'activait à consommer les quelques gouttes d'humidité qui lui restaient, le passage d'un martinet, l'arbre mort au squelette qu'elle aurait aimé photographier. Et puis un grand trou, là où elle a arrêté de parler... Elle ne sait rien de ce qui se déroulait, à ce moment-là, dans les entrelacs des genêts, dans l'eau stagnante du fossé, au-delà de la première ligne des arbres. Elle sait encore moins ce qui s'y passe maintenant. Eut-elle été en éveil qu'elle n'aurait pas vu grand-chose de toutes façons. Les arbres savent bien garder les secrets. En fait, elle ne savait rien et elle ne sait toujours rien. Sa promenade ? Une ligne étroite et fragmentée, c'était là toute sa mémoire.

Elle se retourne de nouveau. Elle regarde le chemin à parcourir. Elle en sait presque autant que sur le chemin passé ! Rien. Et pourtant il est là, devant elle... Presque prévisible. Elle continue sa marche, tentant cette fois de relever plus de détails, de se construire un passé plus charnu. Des arbres à droite, des arbres à gauche protégeant un univers auquel elle n'aura jamais accès, fabriquant un passé qui ne sera jamais le sien, distillant un avenir dont elle ne pourra pas se souvenir. Une autre planète à deux pas de la sienne et dont personne ne saura jamais rien. La lune, en fait, n'est guère plus loin que le monde que cachent les arbres !

Le chant d'un merle la rappelle à l'ordre, lui recommande de revenir au présent. Un présent qui est somme toute infiniment agréable. Il fait beau et doux, c'est samedi, elle se promène, elle n'a pas trop de soucis... Il manque bien Serge, mais c'est tout de même bon ! Elle continue se marche sans paroles. Elle sent et c'est bon. Elle essaie de ne pas se dire que c'est bon. Elle essaie de sentir seulement. Elle y arrive. Elle sait les nuages duveteux, elle sait le gros chêne, là, à gauche, elle sait la chaleur du soleil sur son dos, elle sait le trajet. Elle ne sait pas qu'elle sait.

....

Elle arrive à la croisée des chemins. C'est tout droit devant, tout droit derrière et tout droit à gauche et à droite. Elle se rappelle qu'elle ne sait pas. Où qu'elle regarde, elle est obligée de rechercher des images dans les souvenirs du chemin qui est derrière elle pour se faire une idée de celui qui est devant. Elle ne sait inventer un avenir qui ne soit pas à l'image de son passé. Où qu'elle aille ! ....un buisson, un ver de terre qui s'active à consommer les dernières gouttes d'humidité qui lui restent, le passage d'un martinet, un arbre mort au squelette qu'elle aurait aimé photographier. Tout le reste ne peut être qu'imaginé. D'autres vers de terre ? Ou bien des bouts d'un autre passé qui pourraient vivre dans ce futur-là ? Et elle a si peu pour nourrir ces trois après qui se présentent. Et il lui reste si peu de l'avant qu'elle vient de parcourir. Elle a bien plus d'avenir que de passé.

Pourquoi ne se contente-t-elle pas de se promener ?

Elle regarde d'où elle vient. Il faudrait qu'elle y retourne pour en savoir plus… Il reste encore tellement d'avenir dans ce passé-là. Mais il faut aller de l'avant, elle n'a rien à faire cet après-midi. Elle ne peut tout de même pas rentrer maintenant pour le simple plaisir de se rappeler sa promenade, de remplir le futur qu'elle entrevoit d'un présent passé à tenter d'appréhender le futur. Futur qui serait en fait devenu un passé qu'elle n'aurait pas eu l'occasion de connaître ! Tout cela n'a aucun sens. Elle aimerait bien comprendre, tout de même, se faire une idée…

Si Serge était là avec elle… Elle ne sait même pas encore si elle va tourner à droite, à gauche ou bien aller tout droit. Elle pourrait revenir sur ses pas… Où est-elle d'ailleurs maintenant ?

Tu vois comme cette imbécile se prend la tête ? Ce serait pourtant tellement simple d'être heureux ! Comme ton chien ! Il n'hésite pas, ton chien. Il sait où il va, où que cela soit.

Oh, puis ça suffit comme ça ! Allez, hop ! Elle prend à droite. Le chemin va contre le vent, c'est bon et frais. Elle est bien. Le temps se déroule devant elle. Illusion linéaire… Mais qu'est-ce qui lui prend ? Elle attrape un sentier qui s'enfonce dans la forêt sur la gauche. Une fraction de seconde de liberté ! De toutes façons, ça la mènera bien en quelque lieu. Ça ne peut pas ne pas la mener en quelque lieu… Encore que !… Non, non, elle croit : ce qui compte, ce n'est pas tellement la destination que le paysage qu'on découvre en chemin ; pour ce qui est d'arriver, on arrive toujours quelque part. Et c'est là qu'elle va ! Égrenant ici et là les traces de son passage, de ce qui sera son passé, cueillant ici et là les repères de ce qui sera son histoire. De l'histoire qu'elle racontera à Serge. C'est fou ce que les fougères sont hautes par ici.

Le sentier rétrécit. Il n'est pas plus simple à comprendre que l'allée qu'elle a quittée quelques temps plus tôt. C'est même tout pareil. Mais le poids de l'inconnu s'y fait plus oppressant. Il ne lui reste plus que le fil ténu du sentier pour se rappeler d'où elle vient. Ce n'est pas beaucoup pour se rassurer ! Mais elle a tout le reste autour d'elle qui l'invite. Elle poursuit le fil du temps dans les feuilles mortes écrasées.

Elle sait encore où elle va. Un peu. Elle pourrait faire demi-tour. Elle pourrait s'arrêter. Elle continue.

Le chemin se fait de plus en plus étroit, sa trace de plus en plus légère. Puis il disparaît. Les fougères ont pris possession des repères.

Elle avance encore de quelques pas. Il n'y a plus d'empreinte derrière elle. Plus d'empreinte qu'elle puisse reconnaître, elle, avec ce que son expérience lui a laissé de compétence... Où qu'elle regarde, il n'y a plus que de l'avenir et juste une touche de présent qui se perd aussitôt que créée.

Elle a perdu son passé. Du moins le passé qui pourrait lui être utile maintenant, ce passé que lui ont légué les générations. L'autre passé ne lui sert plus à rien... Son petit bout de présent est tout écrasé par l'avenir. Son présent lui fait mal. Oublié le soleil qui brille maintenant, les oiseaux qui chantent maintenant, Serge qui, maintenant, doit faire la sieste... La voilà encore en train d'imaginer ! Maintenant, elle a peur. Elle vient de découvrir le futur, le vrai, l'imprévisible. Et quand elle ne sait plus imaginer, elle pense que le monde va lui faire mal et elle a peur. Alors, elle fait ce qu'a fait son lointain ancêtre quand pour la première fois l'homme a eu peur et a éprouvé le besoin de l'autre, elle réinvente le premier mot.

La vie est belle

Le portail répondit à la télécommande et s'ouvrit lentement. Il avança doucement dans la longue allée bordée d'arbres. Il trouvait cela vraiment merveilleux de rentrer chez lui, après une dure journée de travail, en empruntant cette superbe allée qui serpentait dans la forêt de séquoias. Du portail, on ne pouvait pas voir la maison, mais on sentait qu'au bout du chemin on trouverait l'intimité et le confort serein d'une demeure accueillante. Les arbres bien qu'immenses distillaient une paix bienveillante qui effaçait les tourments d'une journée de stress. Lentement, il parcourait donc chaque soir son allée, s'imprégnant du savoureux plaisir de rentrer chez lui.

Après quelques centaines de mètres, l'allée de gravier blanc s'ouvrait sur une sorte de clairière qu'occupait une grande maison de bois aux huisseries peintes en rouge sombre. Sur la droite un abri pour le bois, sur la gauche un garage en bois sombre lui aussi dont la fermeture se souleva à l'approche de la voiture. Partout autour de la maison, ce n'étaient que parterres de fleurs et haies de rhododendrons qui, à ce moment de l'année, éclataient de milles nuances de rose et de mauve. Un bassin, agrémenté d'un jet d'eau en forme de corolle, laissait envisager un petit monde marin en plein milieu de la forêt. Au-delà de la maison, la forêt s'arrêtait et au sortir du chemin naissait involontairement le désir pressant d'aller voir sur quoi elle s'ouvrait.

Il rangea soigneusement la Mercedes à sa place, coupa le contact. Qu'il dut remettre car il avait, comme toujours, oublié de remonter les vitres électriques. Certes la voiture était climatisée, mais en cette saison, et surtout par de douces journées comme aujourd'hui, il aimait rouler les vitres baissées. Il retira ses gants de peau grise et les déposa minutieusement sur la console entre les deux sièges. Il avait la même paire dans la Ferrari qui occupait l'autre box et dont il se servait, le dimanche seulement, pour aller à l'église.

Il ouvrit la lourde portière et pesta comme d'habitude contre l'exiguïté du garage qui l'empêchait de l'ouvrir complètement. Il devait faire, pour s'extirper, des gesticulations que son grand âge commençait à lui rendre pénibles. Il se promit, comme chaque soir depuis quelques temps, de faire démolir la structure pour en reconstruire une plus conforme aux exigences de ses rhumatismes. Et de son standing aussi, par la même occasion. Il claqua la portière. Par la portière arrière, il prit sa mallette Louis Vuitton... Quelques dossiers à traiter qu'il laisserait peut-être d'ailleurs dormir jusqu'à demain... Il n'avait pas vraiment envie de travailler ce soir. Il sortit du garage dont la porte se rabaissa. Il remplit ses poumons de son air, de ses parfums de conifères, il emplit son regard de l'image de sa maison, de son domaine. Il monta tranquillement les degrés du large perron qui menait à la porte principale. La porte s'ouvrit à son approche. Pierre, un lourd trousseau de clés à la ceinture, lui souhaita la bienvenue, le délesta avec classe de son attaché-case, de son manteau et de son chapeau et s'en fut préparer une ration de douze ans d'âge pour son maître.

Il avança vers le salon où l'attendait, comme chaque soir, ce spectacle dont il ne se lasserait jamais : l'océan. Il fit glisser la lourde porte de la terrasse qui s'ouvrait sur une vaste esplanade qui descendait, abrupte, vers le Pacifique. Le verre de liquide ambré l'attendait sur la table de teck. Il s'installa dans un siège aux coussins onctueux et se plongea sans retenue dans l'admiration de sa création. Dieu – car c'était bien

Lui – agissait ainsi chaque soir qu'Il faisait, après le travail.

P.D.G. de la gigantesque multinationale «Heaven& Earth Ltd.» Il était soumis à des journées infernales (si l'on peut dire) et cela s'était encore aggravé depuis qu'Il avait lancé une O.P.E. sur son seul concurrent sérieux : «Hell & Co.» La bataille durait depuis un bon moment déjà et promettait de se poursuivre pour longtemps. On parlait même d'une éternité. Il était affublé d'une conscience professionnelle qui L'amenait à visiter, chaque jour, Ses différents centres d'exploitation, à manifester Son omniprésence dans toutes les manifestations organisées par Ses ateliers, le matin de bonne heure, le soir, les samedis, les dimanches, Il était en contact permanent avec Son Directeur Général qui avait d'ailleurs, vu son état de santé, de plus en plus de difficultés à remplir ses fonctions (Dieu pensait qu'Il allait bientôt le rappeler et le remplacer par un jeune diplômé… Mais pour l'instant Il était débordé et…). Il veillait au bon fonctionnement de l'immense machine qu'Il avait créée et Il aimait rappeler à la foule qui ne demandait qu'à L'entendre, que comme Walt Disney, Il était parti de rien. Il visitait aussi quotidiennement Ses entrepôts à miracles qu'Il avait disséminés un peu partout au monde et où se pressaient les foules. Il devait en plus organiser un certain nombre de conflits en différents endroits de la planète ; rompu aux techniques de marketing, Il savait qu'il est indispensable de créer cette concurrence à l'intérieur de la même famille d'entreprises afin de forcer la créativité et donc les revenus. À l'instar d'une de Ses plus belles créations, Henry Ford, qui avait eu l'idée de fabriquer des pièces d'automobiles moins solides afin qu'elles se brisent plus souvent, Il avait créé un département Maladies qui L'aidait à fidéliser Sa clientèle mais qu'Il insistait pour superviser personnellement. Tout cela ne constituait que le volet «Earth» de l'entreprise et Il devait aussi voir au bon fonctionnement de la division «Heaven». Il faut admettre que cette dernière Lui donnait moins de soucis. Certes, Il avait été largement tyrannique au niveau du recrutement et le personnel, trié sur le volet, était âme sans corps, à Son service. Il n'y avait d'ailleurs pas de représentation syndicale, ce qui est significatif. Mais Il insistait tout de même pour faire Sa ronde quotidienne afin de S'assurer du respect strict des normes ISO 9002 et de la semaine des 35 heures, de l'hygiène de la cantine et de la propreté des toilettes. Et Il ne dédaignait pas, quand Son emploi du temps le Lui permettait, de déjeuner en compagnie d'un Saint ou d'une Sainte. Il aurait bien aimé inviter Clinton pour essayer de comprendre certaines choses, mais celui-ci avait signé un contrat en béton de chef du personnel avec «Hell & Co» et n'était pas disponible. Cela n'était peut-être pas totalement étranger au fait que «Heaven &Earth» souhaite l'absorber... L'entreprise, pas Clinton !

Aujourd'hui, par exemple, Il avait eu une réunion avec les Dirigeants d'Israël, Il était passé par Beijing pour tenter une nouvelle fois de S'ouvrir le marché asiatique, avait fini par promettre à Bernadette que l'agrandissement de sa grotte figurerait sur le budget de l'an prochain, avait fait faire la vidange de sa Mercedes, avait inauguré une nouvelle fournée de béquilles pour l'église de Sainte Anne de Beaupré au Québec, avait assisté à un conseil d'administration avec la division des encycliques au Vatican, avait acquis une fabrique de préservatifs dans le but caché de la mettre en faillite, avait passé en revue la nouvelle promotion d'Anges. Tout cela et le courrier, le courrier électronique et l'écoute des prières. Et un coup de téléphone portable à Son fils pour prendre des nouvelles de la petite famille.

Et il y avait donc, en plus du reste, cette affaire «Hell & Co» qui Lui pourrissait la vie. Mais Il n'allait pas passer sa soirée à ressasser ce qui s'était dit et ce que cela voulait dire, ce qui ne s'était pas dit et ce que cela voulait dire, ce qui s'était dit et ce que cela ne voulait pas dire, ce qui s'était dit à mots couverts et ce que cela s'efforçait de signifier tout aussi bien que ce que cela s'évertuait à ne pas vouloir dire, ce qu'Il croyait avoir compris de ce que l'on n'avait pas voulu Lui dire, ce qu'on voulait faire comprendre sans pour cela le dire, ce qui avait été évité dans l'espoir que cela vienne à l'esprit de chacun, ce qu'on n'avait pas oublié d'oublier afin que les autres n'oublient pas de s'en souvenir le cas échéant, ce que... Ah, la politique !

—Oh, puis zut ! Ce Scotch est vraiment délectable ! C'est bien le diable si Je ne réussis pas, un jour ou l'autre, à Me les faire !

Il termina son unique Scotch de la soirée et S'enquit du menu pour ce soir. Pierre le Lui récita : Croustade aux fruits de mer, brochettes de cœurs de canards sur un coulis de fruits rouges avec leur garniture de petits légumes et une purée de courgettes, sabayon au champagne, coquelet glacé au miel de sarrasin accompagné de pommes dauphine, plateau de fromages et pour finir, île flottante.

—Parfait, Pierre et s'il vous plaît, mettez ces clés autre part qu'à votre ceinture, elles font un bruit agaçant !

En chemin vers le Spa qui allait L'accueillir pour quelques turbulences relaxantes, Il s'arrêta devant Sa collection de CD et Se choisit l'enregistrement du Miserere d'Allegri chanté par le King's Choir de Cambridge. Il était très friand de ces voix de cristal dont seuls de jeunes garçons savent le secret. Il connaissait l'œuvre par cœur et éprouvait toujours la même jouissance quand la voix de l'enfant, à cinq reprises, atteignait ces sommets que Son oreille même croyait impossibles. Il opéra Sa mue quotidienne et sortit nu de Sa coquille de travail. Il sortit sur la seconde terrasse au centre de laquelle le Spa distillait de légers nuages parfumés. Pierre l'aida à S'y glisser et s'éclipsa de nouveau.

Tous Ses tracas se fondirent dans le doux bouillonnement. Il pouvait sentir chacun de Ses muscles oublier la tension, Il pouvait sentir Son cerveau se libérer du poids des responsabilités. Il Se sentait vraiment bien, Il ne pouvait pas rêver d'une vie plus riche et plus épanouissante. Même si les journées lui donnaient du fil à retordre, Il était tout de même Celui qui détenait le pouvoir, Celui qui décidait, Celui qu'on servait, Celui à qui on ne pouvait décemment rien refuser. Il y avait bien sûr l'autre, qui Lui tenait tête, mais, ce serait bientôt fini… Et puis il y avait cette maison de rêve et Son bon vieux Pierre qu'Il avait pris à Son service lorsqu'il avait pris sa retraite d'huissier à la division «Heaven». Non, vraiment, Il n'avait aucune raison de Se plaindre. Et Il Se plongea plus profondément dans l'eau délicieusement chaude où il resta, en méditation, pendant une bonne heure.

Pierre l'attendait avec une serviette de bain Hermès dont il L'enveloppa rapidement car il commençait à faire frais. Des odeurs raffinées flottaient dans la maison qui attisèrent Son appétit. Il se fit une beauté dans Sa salle de bain en marbre et, rompant avec Ses habitudes, Se contenta de revêtir Sa robe de chambre en soie. Il sourit en pensant que ce soir, à table, Il Se laisserait aller !...

Il s'assit à la table joliment mise. La jeune personne qui le servit venait d'être engagée, Mais Il ne se formalisait pas de son manque de rigueur. Elle était tout à fait charmante et la tenue qu'Il lui avait fait faire à ses mesures laissait voir, sinon deviner, tout ce que cette jeune fille avait de talent, toutes les promesses qui sommeillaient encore en elle. Entre deux bouchées de cœur de canard, Il put confirmer de touchu qu'Il avait une nouvelle fois fait le bon choix. Effarouchée juste ce qu'il fallait, hâlée juste ce qu'il fallait, brune juste ce qu'il fallait, enveloppée juste ce qu'il fallait... Il lui réservait une place de choix «in heaven» ! Il en saurait plus, de toutes façons, plus tard ce soir, sur le potentiel professionnel de cette jeune personne. Ces pensées délicieuses, jointes aux vapeurs du somptueux Château Margaux qui accompagnait ce sobre repas, L'avaient ramené, du moins jusqu'au lendemain, au niveau des simples humains qu'Il avait faits à Son image.

Le repas terminé, Il quitta la table mais resta un instant dans la salle afin d'observer l'harmonieux mouvement des courbes de la soubrette qui s'affairait à débarrasser et, plein d'une douce chaleur là où ça fait du bien, Il Se rendit au salon où quelques bûches faisaient danser la lumière et où L'attendait un verre de vieille prune. Il s'installa confortablement dans un profond fauteuil de cuir longuement culotté et, tout en sirotant le délicieux liquide, Il se mit à penser. Il fut interrompu un court mais ravissant instant par la jeune femme qui vint chercher Ses ordres pour le restant de la soirée. Il l'invita à venir dans sa chambre, vers 11h30 afin de L'aider à prendre ses comprimés... En partant, elle laissa flotter autour du fauteuil un savoureux bouquet de senteurs.

Il rêvassa un moment, puis Se saisit du livre qu'Il avait commencé la veille. Un polar. Il n'aimait guère ce genre de littérature dans la mesure où Il savait forcément qui avait fait quoi, comment avait été commis le crime et quel en était le mobile. Mais il trouvait délectable le langage. Ces écrivains avaient des façons extraordinaires de jouer avec les mots. Il adorait l'argot ! Il adorait toutes ces dérives qu'on peut faire subir à la langue et Il se disait que s'Il en avait le temps, Il écrirait quelque chose comme ça. En fait, il lisait beaucoup. Des romans, des essais, le «Financial Times», par nécessité mais par intérêt aussi, Il aimait aussi beaucoup les bandes dessinées et Il gardait cachés quelques magazines qui Lui confirmaient que lorsqu'Il avait concocté une compagne à Adam, Il avait drôlement bien fait de choisir ce modèle ! C'est alors que lui vint une pensée qui le ravit !

—Quand même, les humains !... Commença-t-il, c'est tout de même quelque chose ces hommes. Tous ces trucs qu'ils ont inventés, c'est pas croyable. Tiens, le pouvoir, par exemple. Je suis là, je dirige tout, je fais ce que je veux, on se met à genoux devant moi, je n'ai qu'à avoir une idée et ils sont des millions à être d'accord, c'est tout de même incroyable, ça, non ? Et pourtant j'ai pas eu grand-chose à faire. Je leur promets des dividendes pour plus tard et hop ils embarquent ! Mais c'est eux qui m'ont appris ça ; moi j'avais une entreprise à faire marcher rien de plus, on s'y mettait tous et ça roulait… Et puis je les ai vus se battre pour passer avant l'autre, pour en avoir plus que l'autre. Alors je me suis dit que je pourrais bien faire comme eux et avoir un gros salaire, des privilèges, une plus grosse bagnole que mon voisin…

Tiens, justement, la bagnole. Oui, la bagnole. Fallait tout de même y penser. Au lieu de crever de chaleur sur un âne pour faire quelques misérables kilomètres, tu es là, au frais, ou au chaud, suivant la saison, et tu peux aller où tu veux, dans le luxe de sièges en cuir, dans un silence feutré et sans avoir à te battre toute la durée du chemin pour ne pas perdre ton équilibre. Ah, la bagnole, ça, c'est quelque chose. Et puis, dans ta bagnole, t'es chez toi, tu fais ce que tu veux…

Et la maison, ça alors c'est quelque chose ! Une pièce pour chaque chose, que tu peux décorer comme ça te chante. Tu peux y recevoir qui tu veux, quand tu veux. Tu peux foutre les importuns à la porte. Au besoin tu peux les jeter par la force. Il y fait la température que tu veux, tu ouvres les fenêtres quand tu en as envie… Quand il pleut t'es à l'abri, la nuit tu t'enfermes… Et puis la moquette, la cuisine intégrée, le feu dans la cheminée c'est tout de même mieux que par terre dans une caverne. Les fauteuils en cuir, quelle merveille ! Quand le fiston est venu s'installer à ma droite, voilà bien longtemps, c'était autre chose... Le cul par terre, sans coussin, sans rien... Pauvre gosse ! Maintenant, quand il vient me rendre visite, c'est tout de même du Boche-Robois !... Et la salle de bain. Tiens, rien que la salle de bain. L'eau chaude au robinet, l'eau tiède quand tu as besoin de te rafraîchir mais pas trop brutalement. L'eau tiède, il fallait y penser, tout de même à l'eau tiède! Moi, ça ne me serait pas venu à l'idée... Et puis il y a la bouffe, mon vieux, la bouffe. Il devait être pervers le Rossini avec son tournedos. Ça vaut largement les pissenlits, non ? T'as vu le repas que Pierre t'a préparé, ce soir ? Et pourtant, c'est pas une lumière, Pierre. Et le pinard, Bon Moi, le pinard ! La vieille prune, le Calva, l'Armagnac, le Champ...

Il y a la musique aussi!... La musique ! Celle que je préfère. *Domine Deus Noster, Miserere nobis... Gloria... Dona nobis... Dies Ire, Dies Ila...* Même quand je me fous en colère, ils mettent ça en musique. Je les fais marner, c'est moi qui encaisse quand ils travaillent et non seulement ils me remercient mais en plus ils mettent ça sur des mélodies fabuleuses. Mes Anges, au bureau, là-haut, avec leurs flûtiaux, ils ne leur arrivent pas à la cheville ! Je pourrais passer une autre éternité à écouter les louanges qu'ils ont composées en mon honneur !...

Le plus marrant, c'est tout de même la lecture, les bouquins, les journaux, les magazines... Il y a quelque chose que je comprends pas bien : c'est moi qu'ils appellent «Le Verbe» mais c'est eux qui inventent toutes ces histoires, toutes ces langues, tous ces mots !... Moi, au début, j'étais presque illettré : *terre, ciel, animaux, arbres, lumière, Adam...* c'était en gros mon vocabulaire... C'est même Adam lui-même qui a trouvé le nom de sa copine ! Au début, j'ai été un peu choqué, il en prenait bien à son aise. Mais bon, c'était pas idiot, «Eve», moi j'avais pas la moindre idée, il m'a pris un peu au dépourvu quand il m'a dit qu'il s'ennuyait – je savais même pas qu'on pouvait s'ennuyer ! - alors j'ai laissé faire. T'as vu ça, maintenant ?

Et puis, bien sûr, il y a... le sexe. Ça, là, chapeau. Quand tu vois le petit bijou que je viens d'engager... Moi, tout ce que j'avais pensé, c'était que tu joues avec, une fois, tu lui fais un petit, puis tu attends neuf mois sans rien faire, puis, quand le petit est arrivé, tu remets ça... Alors ils m'ont dit qu'une seule fois par an c'était débile, qu'ils allaient trouver un autre arrangement. Alors là, eux, c'est tout le temps et ils ont pas à se coltiner des armées de mômes. Et quel plaisir, les trucs qu'ils ont inventés ! Toutes ces positions, tous ces accoutrements, tous ces accessoires !... Rien que de penser à mon comprimé de tout à l'heure...

Non, là, vraiment, chapeau. Moi, j'avais pas pensé à tout ça. Quand j'ai fondé l'entreprise, j'étais jeune, j'avais du culot... Je me suis dit que la terre, le ciel, les arbres, les animaux c'était porteur. Porteur de quoi, je savais pas vraiment. Je savais pas vraiment quoi faire avec, je savais pas à quoi ça servait ! Je crois même bien que je sais toujours pas... Bref, je me suis investi et j'ai démarré. Au début, faut dire que c'était pas folichon... Ca tournait... Et puis j'ai eu l'idée de génie, j'ai collé les hommes là-dedans. Ça n'a pas traîné... Si mon entreprise marche si rondement maintenant, c'est grâce aux employés, c'est eux qui ont eu toutes les initiatives sympas... Mon truc à moi, c'était bien plus ordinaire que ça, j'avais pas pensé à tous ces raffinements, tout ce qui fait plaisir, tout ce qui fait du bien. En vérité, je leur dois tout. D'ailleurs, je sais aussi que chez «Hell & Co.», c'est la même chose. Tiens, d'ailleurs, c'est peut-être un argument à utiliser, ça... Non, vraiment, les humains, ils m'épatent. Moi, sorti de ma terre, de mon ciel, de mes animaux, de mes arbres j'avais pas vraiment d'idées. Ah, oui, quand même, j'ai pensé à la lumière. C'est chouette la lumière. Mais quand je l'éteindrai, tout à l'heure avec la petite, ça sera pas mal non plus...

Bon, mais faut surtout pas leur dire tout ça ils me colleraient une grève sur le dos. Je suis un excellent chef d'entreprise, je les fais bosser et c'est moi qui suis coté en bourse ! Faut pas sortir de là !

Allez, je vais aller prendre mon comprimé !

Présent

22h30. Le film avait été plutôt nul et il regretta de l'avoir regardé jusqu'au bout. Mais avec la télé on se laisse souvent prendre... Et comme au fond il n'avait pas besoin d'excuses, il éteignit le récepteur, mit ses états d'âme au vestiaire, traîna encore quelques instants sur le sofa...

Il n'avait pas trop envie d'aller se coucher. Sa compagne avait compris avant lui que le spectacle ne valait pas que l'on perde son temps à le regarder et était allée lire au lit. La lumière de la chambre était éteinte, elle avait aussi dû abandonner la lecture... Il se rendit dans la cuisine pour se servir un verre de Coke qu'il commença à siroter.

Dehors, le thermomètre était descendu à moins 22°. La tempête avait cessé en fin de matinée et, comme cela était souvent le cas, le temps s'était mis à la fois au beau et au froid. Debout devant la baie vitrée du salon il considéra avec un certain plaisir les 35cm de neige fraîche qui s'étaient ajoutés aux quelques cinquante qui, depuis quelques temps déjà, attendaient la fin de l'hiver. Les pins qui entouraient la maison découpaient dans l'éclat de la pleine lune des figures géométriques qu'ils plaquaient sur l'écran étincelant. Il éteignit la lumière de la pièce pour mieux profiter du spectacle. Il faisait dehors presque aussi clair qu'en plein jour. Il resta ainsi un long moment, hypnotisé par ce spectacle qui, pour aussi courant qu'il soit, n'en était pas moins magnifique. Il finit son verre et, sans l'avoir le moins du monde décidé, se prépara pour une ballade en raquettes.

Inutile de se couvrir trop lourdement : même l'exercice facile de la raquette suffit à entretenir une chaleur confortable. Couvrir la tête et les oreilles par contre était important : c'est la première qui gère le thermostat, ce sont les secondes qui gèlent en premier ! Il laça ses mocassins, enfila sa parka sans la fermer, sortit par le garage d'où il décrocha les raquettes.

L'air était craquant, le silence absolu, la lumière d'une blancheur impeccable. L'accueil était parfait. Un arbre craqua, non loin de là, sous l'effet du froid, simple rappel à la prudence. Rien de belliqueux dans cela, pas d'intention mauvaise, seulement une mise au point : nous ne sommes pas des adversaires mais des partenaires dans un monde qui ne connaît guère la pitié. Et ce genre de partenariat comprend peut-être plus de risques !

Il resta un moment à s'approprier la situation, prit quelques profondes respirations qui gelèrent les poils au bord de son nez, accoutuma son regard au soleil nocturne, calma son ouïe qui essayait encore vainement de relever quelque indice à sa convenance. Puis il se décida ; il posa les raquettes sur le banc de neige – il n'aurait pas à se baisser autant ! – boucla les harnais, s'assura que les mocassins jouaient librement et partit.

Bien vite il sortit du petit bois qui cachait la maison et se retrouva dans la pleine lumière. Il ne lui fallut pas longtemps pour prendre son rythme de croisière. Important, le rythme : chacun a le sien. Un peu trop rapide et on s'épuise, un peu trop lent et on se fait mal. La neige de surface crissait sous l'impact, la neige sous-jacente résonnait en profondeur... Tout cela se fondit dans son acquis et il put en peu de temps consacrer toute son attention au monde qui l'entourait.

Tout dans cette nuit était d'une netteté prodigieuse. Il semblait que
146

toute trace d'impureté avait été éliminée par la tempête de la nuit précédente. La lune offrait son sourire sans la moindre trace de maquillage. Les arbres ne cachaient aucun détail de leur anatomie, les buissons qui dépassaient de la couche de neige y dessinaient des ombres d'une précision d'eau forte, les rochers exhibaient leurs rides et leurs fêlures.

Fromp, fromp, fromp, fromp ! Ses pensées se bousculaient et tous les lieux communs y avaient droit de cité. C'était magnifique, superbe, extraordinaire… Il n'avait jamais vu quelque chose d'aussi fabuleux – ce qui était faux ! Il se parlait intérieurement : « regarde ça, comme c'est… et ce silence… » Il s'arrêta un instant pour en confirmer la qualité. Seules ses oreilles faisaient encore du bruit ! Fromp, fromp, fromp, fromp ! Dans sa tête se bousculaient un flot de mots qui tentaient de créer une image à partir de l'image qu'il avait sous les sens. Pour une raison qu'il ne comprenait pas, il fallait qu'il enregistre l'événement pour pouvoir… Pour se rassurer ? Pour s'en prouver l'existence ? Pourquoi lui fallait-il repeindre ce qu'il voyait, ce qu'il entendait ? Pourquoi fallait-il qu'instinctivement il mette tout cela sous une forme qui devrait éventuellement pouvoir être communiquée ? Voulait-il faire profiter sa compagne d'un spectacle auquel elle ne participait pas ou bien avait-il un doute sur ce qu'il vivait ? Les deux peut-être…

En fait, la question ne se posait même pas ! Il parlait. Seule empreinte mémorisable ET transmissible ! Ah, c'est tellement beau et il fait tellement bon, on ne sent pas le froid et l'air est tellement pur, regarde les étoiles, du moins celles qu'on voit parce que la lune leur prend toute la lumière, tiens des traces de lapin qui passent toutes sous ce buisson, là, toute cette vie qui grouille là-dedans, tu as de la chance mon vieux, tu aurais pu aller te coucher et ne pas voir ça, il faudra que tu fasses attention à l'avenir de ne pas rater un truc comme ça, bon, ce n'est pas la première fois, mais ce soir, c'est vraiment incroyable, fromp, fromp, fromp, fromp, j'ai même un peu chaud, faudrait pas que je transpire, tiens un autre arbre qui se fend, il doit s'en fendre un bon nombre comme ça, ils finiront par crever, mais au fond, c'est comme ça que ça se passe, tiens, la loge des castors, ils manquent le spectacle, mais ils s'en foutent probablement de toutes façons, quand je pense que devant moi, il y a des kilomètres de nature vierge comme ça, c'est tout de même chouette le Nord de l'Ontario. Je pourrais être en ville, avec le bruit des bagnoles, la lumière des réverbères et le voisin qui engueule sa femme, eh, regarde le lapin, là-bas, fromp, fromp, fromp, fromp, …

Et puis, petit à petit, le flot s'endigua. Un esprit exercé aurait pu suivre la trace des mots qu'il avait laissé tomber de son esprit sur la neige. Il aurait pu y ramasser toute une histoire, tout un passé, des perspectives d'avenir, des lambeaux de rêves et des restes d'illusions. Et avec tout cela, il aurait pu faire un tableau tout plat de la scène : des arbres, des rochers, des traces de lapin, la lune, le ciel noir et insondable, et le scintillement de la neige. Le tableau que verrait sûrement sa compagne le lendemain matin !

Fromp, fromp, fromp, fromp ! Quelque chose de curieux était en train de se passer. Quelque chose changeait dans le paysage, une dimension… Son regard semblait voir plus loin, plus globalement. Les éléments du décor reculaient et pourtant il les sentait plus proches. La netteté des images avait fait place à l'acuité de ses perceptions qui, de multiples qu'elles étaient, semblaient se joindre en une seule, plus vaste, plus profonde. Il avait oublié pourquoi il était là, ce qu'il y faisait, quand il rentrerait, combien il lui restait à parcourir avant d'atteindre le but qu'il ne s'était pas fixé. Il avait de l'infini autour lui et il s'y sentait en sécurité. Et plus son espace s'agrandissait en lui, plus son temps se rétrécissait. Il ne voyait plus un futur qui n'avait aucun intérêt ici. Quant au passé, il avait cru sage de se mettre en position de veille, il ne servait évidemment à rien pour le moment. Ses paroles avaient vidé leur sac, éparpillées dans ce passé maintenant silencieux.

Il ne savait pas qu'il s'était arrêté. Il ne se passait plus rien. L'espace-temps s'était disloqué. Il avait tout l'espace il n'avait plus de temps. Il n'y avait plus que lui, immense à la fois au centre et autour de tout cet espace qu'il possédait et qui le possédait. Il ne sentait plus, il était. Dans le court instant que cela dura et qui fut une éternité, il toucha tout du doigt.

…

Mais le futur, qui est un terrible ennemi, vint vite frapper à la porte.

Comment aurait-il pu ne pas lui ouvrir ? Il s'ébroua l'esprit, rappela son passé. Le décor se réinstalla, les arbres, les traces, les rochers, la lune. Le temps remplissait de nouveau l'espace qui se refermait autour de peur qu'il ne s'échappe. Il allait falloir rentrer, il se faisait tard et demain il fallait aller au travail. Mais c'était drôlement chouette tout de même. Il fit demi-tour. Fromp…

Fromp, fromp.

Fromp, fromp, fromp, fromp !

…

Au passage, il ramassa ses phrases, ses clichés, ses exclamations, son passé, son futur…

Il marchait plus vite. Il semblait maintenant pressé de rentrer et de retrouver le rythme familier des choses courantes, de se remettre sur le chemin qui lui était tracé. Il faudra pas que je la réveille… Demain, faut pas oublier… Je lui dirai… Il faudra que je refasse ça… Comme s'il était convaincu qu'il pouvait commander aussi facilement de tels moments ! Le monde ne se laisse pas posséder aussi commodément !

…

Ce n'est qu'après bien des années qu'il se rendit compte qu'il avait vécu là, au bout du monde, un pur instant de présent.

…

Et c'est après bien d'autres années encore qu'il se rendit compte qu'il n'avait pas les mots, que personne n'avait les mots pour le raconter, que les mots même n'existaient pas… Mais comme il savait qu'il n'était pas seul à avoir vécu cela, que quelqu'un, quelque part, se retrouverait dans ses efforts, il se mit au clavier et commença à écrire.

«22h30. Le film avait été plutôt nul et il regretta de l'avoir regardé jusqu'au bout. Mais avec la télé on se laisse souvent prendre. Et comme au fond il n'avait pas besoin d'excuses, il éteignit le récepteur..........

Harmonie

Jérôme souleva le capot de la voiture, saisit la tige de métal, l'inséra dans le trou prévu à cet effet, mis les deux mains sur la calandre et pris cet air à la fois niais et absorbé que prennent en général les hommes quand le moteur refuse de coopérer. Comme si la mécanique infuse allait leur sauter au visage et leur dire en termes clairs si c'est l'allumage ou la carburation qui fait défaut. Sa vieille Totoche eut-elle été plus moderne, l'ordinateur de bord lui aurait tout expliqué mais il n'aurait rien pu y faire de toutes manières! Zut…

Ça tombait mal, cette panne. Les beaux-parents s'étaient annoncés et il devait aller chercher du saucisson et un camembert pour pouvoir meubler les extrémités du repas, ainsi qu'une paire de baguettes. Il ne lui serait pas venu à l'idée de faire à pieds le kilomètre qui le séparait des commerces : il avait une auto, c'était nécessairement pour se déplacer. Et réciproquement aurait pensé Pierre Dac ! Mais Jérôme était un rêveur.

—Et merde ! Résuma fort efficacement l'essence de sa pensée. (enfin, l'essence, rien n'était moins sûr, c'était peut-être l'allumage!)

Mais il avait une pensée vagabonde et devant l'absurdité du silence mécanique, il se mit réfléchir… Il commença à faire la liste des indices qui se transmettent de génération en génération… Le moteur ne tousse pas, ce doit être l'allumage, à moins que ce soit la pompe à essence… La batterie… Non, c'est pas ça… Ce sont peut-être les bougies… C'est vrai qu'elle faisait un bruit bizarre l'autre jour. Il vérifia par acquis de conscience le contenu du radiateur, le niveau d'huile, l'état des bornes de la batterie, tripota quelques câbles, pressa quelques durites, secoua ceci et cela… Et se remit derrière le volant. On ne sait jamais… Rien. Il refit face à l'engin récalcitrant… Et repris l'air niais et absorbé, le seul qu'il connaisse dans ces circonstances.

C'est tout de même un drôle de truc un moteur, une bagnole. Des milliers de bouts de métal, de plastique et autres fibres vissés, collés, articulés, rien que pour créer un mouvement. Des trucs qui bougent avec frénésie dans tous les sens, en contradiction avec eux-mêmes et la plus élémentaire logique. Des mouvements verticaux qui engendrent des mouvements circulaires qui se multiplient et se démultiplient, qui s'engrènent et se débrayent… Des aspirations de ci et des refoulements de ça. Du jus qui vient de l'autre extrémité de l'engin, qu'on vaporise, qu'on mélange à de l'air dans des espaces qui se contractent et explosent, des machins qui font des étincelles au moment précis, des trucs qui s'ouvrent et se ferment de concert avec d'autres trucs qui se ferment et s'ouvrent… Des tas de petites vis qui doivent être dans la bonne position, des roues qui tournent dans le même sens et en sens inverse, de l'huile qu'on force dans des coins improbables et de l'eau qui refroidit le tout car bien plus que du mouvement, c'est de la chaleur, du frottement et Dieu sait quoi que produit la bête. C'est en fait bien par hasard qu'en fin de compte des trucs ronds qui tournent produisent un mouvement bêtement linéaire qu'il faut parfois faire tourner parce que les lignes droites sont rares dans la nature… Tout cela grâce à force cardans et engrenages et rotules et ressorts qui produisent un mouvement rotatif qui engendre un mouvement linéaire qui engendre à son tour un mouvement de rotation… On n'en sort pas… Il se rendait bien compte qu'il se répétait, mais tout ne se répète-t-il pas sans cesse dans cette absurdité métallique qui se fichait de lui?… Et puis, tout cela c'est sans parler du bruit, des vibrations, de l'odeur, de la fumée, des pannes… Oui, justement des pannes! Qui arrivent toujours, bien sûr, quand on a besoin de la chose… Parce qu'il suffit que la moindre de ces petites vis décide d'éternuer pour que toute la machine attrape la grippe. Tout ça pour aller chercher un morceau de saucisson !

—C'est de la folie furieuse ! se dit Jérôme sans changer de position. Et sa pensée se mit à vagabonder plus avant…

C'est vrai que si on regarde autour de soi, tout bouge. Le mouvement est la norme. Mais jamais rien ne s'arrête et nulle part on ne voit de cylindre ni de pot catalytique. L'arbre n'a pas besoin de joint de culasse pour grandir, la terre, à ce qu'on sait, n'a pas de vilebrequin, le soleil n'a pas d'injection électronique, et si Jupiter dérape, ce n'est pas l'A.B.S. qui y changera quelque chose! Il n'y a pas d'amortisseur pour adoucir les marées et la voie lactée se fout bien de la direction assistée. Et pourtant tout ce grand cirque ne se contente pas d'aller au bout de la rue pour acheter deux baguettes. Ça te vous tourne à des vitesses vertigineuses, ça te vous couvre des distances phénoménales sans vibration apparente, ça ne semble pas faire de bruit particulier, ne grince pas, ne fait pas d'huile, ne rugit pas malgré les milliers de kilomètres à l'heure… Quant aux pannes, il ne semble pas que, de mémoire humaine au moins, la machine ne se soit jamais arrêtée. Ça tourne follement depuis des milliards d'années et embarquer sur la lune pour aller au supermarché du coin semblerait bien plus sûr que de s'en remettre à cet assemblage hétéroclite qu'est un moteur… Jérôme n'imaginait pas l'étendue de la complexité d'une exploration lunaire…

Non pas que l'univers soit une place de tout repos ; Jérôme savait bien que tout un tas de choses violentes s'y passent, mais vu d'ici, tout y paraît harmonieux… Les galaxies ne sont pas montées sur des bielles, nulle soupape ne vient risquer d'entrer en contact avec un quasar quand la courroie de distribution casse. Il n'y a pas de courroie de distribution, rien ne dit à rien ce qu'il doit faire… Et pourtant, ça tourne ! Certes, ces mouvements sont loin d'être simples et on peut même dire que mille détails viennent en régler la marche. Mais il ne semble pas y avoir la longue série de contradictions qui gère un moteur ! Et surtout pas cette contradiction incroyable qui consiste à produire cette espèce de grouillement frénétique afin, en fin de compte, de simplement aller d'ici à là... Il y a une sorte d'harmonie dans ce continuel tournoiement... La sève des arbres suit un chemin logique ! La comète, aussi capricieuse qu'elle puisse être, vit sa vie sans hoquets ! Tout se tient sans l'aide d'écrous et de boulons, sans chaînes, sans courroie... Pourrait-on imaginer une panne de galaxie simplement parce que le filtre à espace est bouché ?

Il doit y avoir un autre moyen ! Résuma Jérôme toujours appuyé sur la calandre.

L'image hideuse du moteur récalcitrant et couvert de cambouis s'estompa lentement de sa vue. La cavité où il se trouvait s'agrandit, s'approfondit et toute une palette de couleurs vint s'y installer. En une vaste spirale, les bleus s'amourachaient des orange, les rose caressaient les turquoise, le blanc prenait tout le monde dans ses bras, des taches de verdure côtoyaient des ellipses nacrées, le rouge pétillait, le jaune chantait. Et tout cela tournait dans une danse sereine qui couvrait des distances de plus en plus vertigineuses... On avait depuis bien longtemps dépassé la boutique du charcutier. Quelques notes de musique vinrent tenir compagnie aux couleurs, bientôt suivies par une ribambelle d'autres, jeunes et vieilles... De vieux bouts de symphonies oubliées et de chants populaires, des taches d'oratorio et des tranches de sonates... Mozart valsait avec Jimmy Hendrix, la clé de sol enlaçait une paire de soupirs. Une petite fille fredonnait une comptine tandis qu'un jeune garçon s'élevait dans les hauteurs du Miserere d'Allégri... Le bleu pervenche jouait avec le si bémol, la portée se mit en ellipse et installa une double croche sur son orbite. Jérôme s'installa confortablement sur le siège moelleux de ce vaisseau harmonique, posa son esprit sur le capteur d'imagination, défit le nœud qui le retenait à la rive et partit dans le temps à la découverte d'un espace à la hauteur de ses talents. Il errait à la vitesse de son imagination dans un monde de couleur et de musique, allant plus loin que tous les boulangers du monde, allant plus vite que toutes les voitures de la terre.

Mais il n'y a pas de saucisson là où se trouvait Jérôme...

Son portable le précipita brutalement dans le gouffre de la réalité!

-Ben, qu'est-ce que tu fais ? T'es pas encore parti ? Grouille-toi, ils vont pas tarder à arriver! La voix de Béatrice ramena Jérôme au garage à une vitesse bien supérieure à celle de la lumière.

Il doit y avoir un autre moyen ! se répéta-t-il décidant qu'il n'y en avait pas d'autre pour l'instant que d'aller à pieds. Et en chemin, le nez perdu dans le ciel, il se dit que, même si la marche c'est éviter de tomber à chaque pas que l'on fait, c'est tout de même plus harmonieux qu'un moteur. Allait-il s'arrêter chez le boulanger ?

Conte à rebours

Paul se réveille heureux. Il ouvre un œil, puis l'autre. Sans effort particulier. Le plafond est toujours là, de la même couleur. La couette le couvre jusqu'au menton. Il respire bien. Ça sent bon le café dans la maison. La lumière qui se glisse tout autour des rideaux est claire et ensoleillée. Madeleine fredonne dans la cuisine. L'image d'une tartine de pain frais beurré lui aguiche un moment les papilles. Vraiment, ça commence bien. Kamikaze, l'ayant entendu s'agiter, arrive au galop et lèche sa main gauche qui pend hors du lit et se montre au bas de la couette. Un oiseau, dans le jardin, lui déroule un bonjour mélodieux. Ça commence vraiment très bien. Un vrai bon dimanche. 10 heures… Mmh, un peu tard tout de même ! Allez, hop ! Debout. Il s'étire un bon coup, rejette la couette, lance ses jambes sur le côté du lit et le voilà debout. Il enfile sa robe de chambre, noue la ceinture, enfile ses chaussons, baille à s'en briser les mâchoires et entreprend d'aller jusqu'à la cuisine. Ce qui se passe très bien !

Madeleine est assise à table. Elle est tellement mignonne avec son peignoir à peine fermé sur sa poitrine. Elle grignote une biscotte…

—Bonjour, ma biche ! Tu as bien dormi ?

—Oui, et toi ?

Les clichés habituels avec de la tendresse en plus.

—Tu veux ton café ? Je te fais chauffer ton lait ?

—Oui et oui !

—Pas de pain frais ce matin, mais j'en ai sorti du congélateur et je l'ai passé au four. C'est tout comme, tu verras.

—Tu es un cœur !

Il s'en coupa un joli morceau, l'ouvrit en deux et beurra la mie fumante pendant que Madeleine lui servait son café. Et son lait. Et son sucre. Et allait lui chercher une petite cuillère.

—Merci, ma biche.

Les clichés habituels avec beaucoup de tendresse en plus.

La croûte du pain croustillait, les biscottes biscottaient, les oiseaux dans le jardin oiseautaient. Il but une gorgée de son café, elle prit une gorgée de son thé.

Bon ! …

—Ce sera bien, hier soir, chez Gérard et Céline.

—Drôlement sympa, oui !

—On se couchera pas si tard, finalement. On aura cru un moment qu'ils allaient nous montrer leurs photos de vacances, mais non, ils ne le feront pas. Ce sera bien.

—Tiens, tu n'as pas oublié de me rappeler qu'après déjeuner il a fallu que je les appelle pour les remercier.

—Pour une fois, Simone arrivera en retard, tu auras vu ? Ça doit être la première fois qu'elle arrive la première !

—Ça, c'est vrai, d'habitude elle arrivera toujours en avance. Elle tombe toujours comme ça au milieu de la soirée.

—Je crois que Céline lui aura dit d'être à l'heure cette fois.

—Tu verras tout ce que Jean aura bu ? Heureusement qu'Aline conduira ! ! !

—Ce sera drôlement bon, ce que Gérard aura préparé, j'en prendrai trois fois ! Je ne mangerai jamais du saumon préparé comme ça. Il cuisine vachement bien !

—On est allé déjeuner avec eux dans trois semaines ; c'était leur anniversaire de mariage. Je me demande ce qu'ils nous avaient préparé.

—Il fallait qu'on leur trouve un cadeau et vraiment, je ne sais pas ce qu'on leur a offert…

—Peut-être qu'on a pu aller dans les magasins cet après-midi, c'était ouvert.

—Je préférerais qu'on attende la semaine dernière, je n'ai pas été payé avant vendredi prochain… Et tu te rappelles que la semaine prochaine il a fallu acheter des pneus pour la voiture. Il ne reste plus grand chose sur le compte.

—Bon, écoute, il est quart et onze heures, je me suis habillée en vitesse, et nous sommes allés voir. Notre temps nous prendra, le temps nous aura de choisir tranquillement. Et le cadeau est allé nous acheter plus tard.

—Tu auras raison, mon amour.

La chambre prendra Madeleine. Ses chaussons et sa chemise de nuit se libéreront d'elle pour la passer à ses sous-vêtements de dentelle qui l'envelopperont de douceur voluptueuse. Sa petite robe rose la happera aidée par la ceinture en cuir qui s'enroulera autour de sa taille. Et puis, très vite, la chambre la jettera dans la salle de bain où quelques pommades s'occuperont de son visage. Pendant ce lieu, Paul, qui aura été récupéré par la douche, subissait les assauts de myriades de gouttes de chaleur mouillée. Puis il sera attaqué par la serviette qui mettra bien peu de temps à l'avoir mouillé. Il fut vite enveloppé par ses habits qui l'attendront sur la chambre.

Tous deux rentrèrent ensemble de la salle de bain et sortirent dans le salon après avoir été mis par leur manteau, car il fera froid dedans. L'été sera particulièrement rigoureuse l'an dernier ! Le tiroir du buffet donnera à Paul les clés de la baignoire pendant que le miroir de l'entrée se mettait une première touche de vert à lèvre devant Madeleine. Le faitout à main s'accrochera au bras de Paul qui fermeront les fenêtres à triple tour. L'escalier les montera à partir du sous-sol où leur bateau piaffait de langueur. Au moment où Paul prit la queue de sa casserole, il ressentit un choc.

—Madeleine, il se passe quelque chose de bizarre, tu ne trouves pas. Je n'arrive pas à ouvrir ma poche avec l'aiguille de mon presse-purée ! Et que fait de toutes façons un presse-purée dans l'ascenseur ? …

Il prendra la main de Madeleine et fit un gros effort de concentration.

—Il faut réussir à rentreras chez eux, tentera-t-il de formuler pour que tout se remette en place.

Ils sortirent dans l'ascenseur qui les descendit au troisième étage où n'était pas leur pavillon. Madeleine tentait difficilement d'être suivie par son mari. Ils se retrouvirent tant bien que mal derrière le soupirail de leur demeure. La porte les ouvrit et l'appartement accepta de les reprendre. Le salon les accueillit avec un sourire narquois… Les clés posèrent Paul sur la table et c'est dans cette position plutôt curieuse que celui-ci comprit ce qui se passait.

La pendule marchait à l'envers ! ! !

Le balancier battait à l'envers : un coup à droite puis un coup à gauche au lieu d'un coup à gauche suivi d'un coup à droite.

Quelque peu secoué par sa découverte, il essaya de se demander comment cela pouvait bien être impossible. Alors il se souvint. Hier, quand sera venu le temps de remonter la pendule, il n'avait pas trouvé la clé et s'était servi de celle qui remontait la pendule de la cuisine. Il avait remonté le temps avec la mauvaise clé. Et depuis hier, il avait perdu son temps ! Et depuis ce matin, sans s'en rendre compte, il ne savait pas si c'était le lendemain de la veille ou la veille du lendemain. Lui qui avait l'habitude de prendre son temps, il s'était laissé prendre par son temps. Et l'espace qui s'était retrouvé tout seul, sans son inséparable compagnon, s'était mis à faire des bêtises…

Il prit alors la main de sa petite femme et il arrêta le balancier de la pendule. Puis il prit la drôle de clé, démonta le mauvais temps, puis le remonta avec la bonne qu'il trouva dans le mauvais tiroir.

Cela fait, ils remirent tous les deux un peu d'ordre dans leur tenue qui s'était bien amusée pendant cette période d'incertitude puis, main dans la main, ils se dirigèrent vers le canal où ils avaient stationné leur lit.

Démesure

Au début, tout allait bien, Gronk était là et pas autre part, il avait des choses à faire pour survivre, des choses à ne pas faire pour survivre aussi, il avait sa caverne et ses pierres à tailler, une ou deux ou trois petites femmes pour lui tenir chaud pendant les périodes glaciaires… Pas vraiment de souci à se faire. Il n'y avait pas trente-six solutions : il allait bien ou il était mort !

Et puis un jour, alors qu'il était en train d'épouiller son voisin, ça lui est venu, comme ça, sans prévenir ! Ça n'était pas très clair, au début, quelque chose comme un grésillement dans les circuits et puis, peu à peu cela prit forme. Et cela se manifesta par quelque chose qui ressemblait à « qui-comment-où-quand-pourquoi ». En un seul mot. Pas facile quand on n'a à sa disposition qu'une hache en pierre, quelques braises et un ragoût d'auroch à préparer pour le repas du soir et que l'auroch est encore en train de batifoler dans les herbes sauvages.

Cette fois, il vota donc pour l'auroch, en se promettant de traiter le problème au cours de sa prochaine sieste. Surtout que ses belles-mères étaient ce que seront toujours les belles-mères et qu'il tenait à ce que son ragoût soit sans reproche !

La soirée fut très réussie même si le sel n'avait pas encore été découvert.

Comme prévu, le « qui-comment-où-quand-pourquoi » lui revint au cerveau au moment de la sieste.

—Ça, c'est peau de bête ! affirma-t-il (le coton n'avait pas encore été inventé !) et il décida de s'attaquer d'abord au cœur de son problème : « où » et la première pensée qui lui vint fut : « ici ». Ce qui était loin d'être satisfaisant. Alors il tenta « là ». Ce qui, au premier abord ne valait guère mieux mais qui allait être fondamental pour l'avenir de l'humanité.

Il passa quelques jours à ruminer sa déconvenue lorsque soudain la lumière se fit : s'il pouvait mesurer la distance entre ici et là, il pourrait au moins savoir où était là par rapport à ici... Cela lui prit quelques jours avant de se rendre compte que s'il pouvait savoir où était là par rapport à ici, il saurait automatiquement où était ici par rapport à là ! Il ne sut jamais par contre qu'il venait d'inventer le raisonnement scientifique. Mais il s'en foutait bien, il avait sa réponse à « où ». Du moins le crut-il pendant quelques lunes jusqu'à ce qu'il se rendît compte qu'un ici-là était fort utile quand il était question de l'entrée de la caverne-ici au gros arbre-là mais qu'il allait devoir se rappeler un incroyable nombre d'ici-là pour placer les uns par rapport aux autres tous les objets qui l'entouraient. Et c'était sans compter les là-ici ! Et c'était sans compter non plus tous les trucs qui bougent. Si en plus il fallait qu'il se souvienne d'ici-làs élastiques, il ne s'en sortirait jamais.

Encore plus grave : il n'avait pas songé un seul instant que le « ici » qui l'intéressait était en réalité lui-même, que ce qui l'intéressait vraiment c'était de savoir où LUI se trouvait dans le grand maelstrom de làs (oui, je sais, c'est bizarre, mais plusieurs là, c'est làs !) ... Et comme il ne cessait de gigoter ! Mais bon, il n'y avait pas encore pensé.

Là, il eut vraiment une idée de génie : il jouait souvent avec son grand-père et sa cousine germaine à ce jeu débile qui consiste à s'approcher aussi vite que possible de quelqu'un qui vous ordonne des pas de ceci et des pas de cela… Alors il s'installa à l'entrée de sa caverne et alla jusqu'au gros arbre en faisant des pas de fourmi.

—Eurêka ! cria-t-il en arrivant au pied de l'arbre.

En fait, il n'avait rien trouvé du tout car personne avant lui, ni lui non plus, n'avait eu l'idée d'inventer les nombres. Ce qui faisait que l'ici-là entre la caverne et l'arbre valait : des pas de fourmi, des pas de géant, des sauts de puce, des cornes d'auroch, des oreilles de mammouth… Il eut un moment de déprime en prenant conscience du fait qu'il se prenait déjà sérieusement la tête avec le « où » et qu'il lui restait encore le « qui-comment-quand-pourquoi »…

Mais comme il était tout de même avancé pour son âge, il ne mit que quelques révolutions solaires pour comprendre que son « où » allait devoir beaucoup à une sorte de « combien » qu'il dut bien inventer pour la circonstance.

Et il inventa les nombres.

La tribu n'en revenait pas de le voir déambuler à pas de fourmi (sans son grand-père et sa cousine germaine !) en ânonnant des sons bizarres : un, deux, trois, quatre… Un soir, il convoqua tout le monde pour annoncer qu'il y avait 67 pieds entre sa caverne et le gros arbre, 245 pieds entre le gros arbre et la caverne de Tronk, et seulement 17 pieds entre la caverne de Tronk et les latrines ce qui était probablement la raison pourquoi ça puait les cent mille diables chez lui ! Cela amusa follement l'assistance qui n'avait strictement rien compris à la démonstration.

Et il se mit à mesurer tout ce qui lui tombait sous le pied. Il pouvait y passer toutes ses journées car, depuis qu'il était devenu le savant de la tribu, c'étaient les autres qui chassaient pour lui. (Il ne savait pas non plus qu'il venait d'inventer le travail rémunéré, l'exploitation de l'homme par l'homme et toute cette sorte de choses…). Et chacun était heureux de savoir qu'il était à tant de pieds de ça et à tant de pieds de ci, que sa femme faisait tant de pieds de hauteur (la femme de Gronk n'avait vraiment pas apprécié qu'il lui marche dessus à pas de fourmi pour le simple plaisir de savoir combien de pieds il y avait entre ses pieds et sa tête, mais bon...), qu'ils avaient mangé un rôti d'auroch de tant de pieds de long et que la zigounette de Tronk...

Lui était particulièrement content, il savait enfin où il était ! Jusqu'au jour où Tronk vint le voir et lui dit :

—Tu t'es trompé, mon pote, il y a 221 pieds entre ma caverne et le gros arbre, pas 245, tu es un imposteur.

—Et ta sœur ! lui asséna-t-il en même temps que sa massue.

Il était débarrassé de Tronk, mais, comme celui-ci avait parlé de ça avec les autres, Gronk fut bientôt assailli par tous les hommes, toutes les femmes et tous les enfants de la tribu, celui-ci avec 226 pieds, celle-là avec 259, 212, 322 (celui-là c'était le fils de Gork), 233... De nouveau, il ne savait plus où il en était. Mais comme il n'était pas chiche en idées farfelues, il inventa en quelques lunes le principe de l'unité de mesure : c'était son pied qui était le bon et le premier qui râlerait... Comme quoi il n'y avait pas que les Dieux qui pouvaient faire la pluie et le beau temps ! Il n'empêche qu'il avait commencé quelque chose qui n'allait pas s'arrêter de sitôt, et même s'il avait dû repenser toutes les mathématiques le jour où il eut les orteils écrasés par un rocher, il avait fait un grand bout sur le chemin de la connaissance.

Un chemin qu'il allait poursuivre avec l'aide de tous ceux qui, comme lui, se demandaient « qui-comment-où-quand-pourquoi » et qui, fébrilement, allaient se mettre à mesurer à tour de pieds.

Il se mit à mesurer des ici-là de toutes sortes, des longueurs, des largeurs, des hauteurs et des épaisseurs, des profondeurs et des altitudes, des écartements, des latitudes et des longitudes, des côtés et des hypoténuses, des diamètres et des périmètres, des aires et des rayons, des circonférences et des volumes, des capacités et des grosseurs, des dimensions, des élévations et des distances, des ouvertures, des marges et des amplitudes, des périphéries et des étendues, des tailles, des formats et des pointures, des grandeurs et des gabarits, des tours et des pourtours, des surfaces et des niveaux et tout cela rien que pour savoir « où ». Et comme le pied de Gronk était usé et pas toujours facile à employer, il se mit à parler de coudées et de stades, de verges (!) et de lieues, d'encablures et de mètres, de miles et de nœuds, de pouces et de parsecs, d'U.A. et de microns, d'Angström, de Fermi, et comme parfois il y en avait des tas et parfois de tout petits morceaux, ils se procura des kilos et des décis, des millis, des mégas et des hectos, des gigas, aussi, et des micro et des nano. Ils les mirent au carré et au cube, en prirent des fractions et les affublèrent de pourcentages, en firent la moyenne, en extrai...t (zut, pas de passé simple !) la racine, les soumirent au calcul intégral et différentiel, les considérèrent à l'aide de différentes échelles, les additionnèrent, les multiplièrent, le divisèrent, les abstrai...t, les soustrai...t (ils auraient mieux fait de tenter de trouver un passé simple pour tous ces verbes !)... Ils les placèrent en abscisse et en ordonnées, leur adjoignirent des vecteurs et une orientation, imaginèrent une résultante et dessinèrent des projections... Qu'est-ce qu'ils ne durent pas faire pour savoir où mettre tous les trucs qu'ils trouvaient autour d'eux, aussi bien que tous les trucs qu'ils voulaient trouver, croyaient trouver. Et surtout pour savoir où se mettre dans ce vaste bazar ! Parce que finalement, ils avaient bien fini par se rendre compte que la distance entre le gros arbre et la caverne de Machin c'est bien mais que ce qui compte c'est de savoir où on est soi...

Mais tout n'était pas si simple, car tout cela bougeait, naissait, vieillissait... Il fallait à tout prix aussi connaître ce « quand » qui touchait de si près le « où ». Alors Gronk inventa hier et demain, l'an 0 qui commençait ici et l'an 2 000 qui finira là, la journée de 24 heures, l'heure de soixante(!) minutes, la minute de soixante(!) secondes et la semaine de 35 heures, on mit douze mois dans une année et 7 jours dans une semaine, 8 secondes entre le soleil et la terre. Il confectionna l'espace-temps, et fignola quelques dimensions supplémentaires. Et il mesura l'âge des pierres et l'âges des enfants, l'âge du capitaine, de la terre et de la galaxie d'Andromède, l'âge de nos artères et l'âge bête, il apprit le temps qu'il faut pour aller de la caverne au gros arbre, de la terre à la lune, de Paris à Toronto, le temps que met un électron pour faire trois petits tours, un quark pour devenir charmant, un éléphanteau pour avoir le droit de naître, la lymphe pour se payer un tour complet de son ver de terre.

Mais tout cela, en plus de bouger, était tout sauf droit et il fallut bien créer les angles et les courbes, les degrés et les grades, les sinus, cosinus, tangentes et autres cotangentes, imaginer des courbures et des attractions, saupoudrer le tout de logarithmes et d'algorithmes, de tensions et de champs... Et comme il fallait que tout cela ait l'air joli et quelque peu unifié il n'oublia pas de se rappeler qu'un litre est aussi un décimètre cube et que ça pèse un kilo si c'est de l'eau, qu'il y a la constante de Planck, que les ondes peuvent si elles le veulent jouer aux corpuscules, que la vitesse est le rapport de la distance par le temps et que l'accélération c'est...

Alors, quand on a pris le pli, il n'y a plus aucune raison de s'arrêter. Quand il ne fut pas sûr il inventa les statistiques et les probabilités, il valida et mit son copain Gauss au travail et érigea l'incertitude en principe. Et il utilisa tout cela pour mesurer tout ce qui lui tombait sous la main. Il mesura l'intelligence, la force, l'énergie, la tension artérielle, les chances de survie, le nombre de fautes dans une dictée, la longueur d'onde de France-Inter, la force faible, la radioactivité, le rendement d'un prof, la température qu'il devrait nécessairement faire un 17 janvier aux alentours de 15h30 (et s'il ne faisait pas cette température, ce n'était pas bien ; c'était ou bien au-dessus des normes saisonnières ou bien en-dessous... Comme ça, on n'était certain que rien ne serait plus jamais confortable !), la démographie, la résistance à la torture, la valeur marchande d'un Africain ou d'une fillette, la longueur souhaitable d'un pénis, le taux d'alcoolémie, l'albedo de la terre et de ses copines, le spin, le niveau de pauvreté, l'augmentation du chômage, le poids d'explosif pour tuer autant de personnes que possible, le SMIC, la marge la plus avantageuse sur une mine anti-personnelle, l'intensité sonore, le rayonnement du parti républicain... Tout. Dans le but louable de répondre à sa question... Il ne fut pas pris de vertige malgré l'ampleur que prenait l'entreprise. Il se contenta seulement de se fixer quelques limites : un zéro absolu, une vitesse de la lumière, un Big Bang au début et un gros doute pour la fin, quelques asymptotes et, de chaque côté, un infini bien pratique.

Et il continua ainsi, toujours plus loin, toujours plus près, toujours plus grand, toujours plus précis, toujours plus vite ou plus fort, toujours plus probant, toujours plus certain... Et pourtant, un jour, la tuile ! Alors que Gronk pouvait maintenant suivre à la trace n'importe quelle galaxie, n'importe quel trou noir, alors qu'il avait les moyens de calculer à un poil près où il serait et quand, et comment il y viendrait, alors qu'il savait exactement ce que faisait la troisième cellule à gauche en entrant dans le foie, le nombre de milliampères qui transitaient par la dendrite rigolote, là, celle qui fait trois nœuds avec sa voisine, alors qu'il entrevoyait enfin la totalité de son royaume, un certain Heisenberg est venu ramener sa fraise en disant qu'il était impossible de connaître à la fois la vitesse d'une particule et sa position ! Ça, c'est du culot ! C'est vrai, ça déstabilise, quand on croit enfin avoir fini de ranger ses tiroirs, d'en trouver un qui refuse de glisser... Mais bon, il a mis des gens à travailler là-dessus, ils ont trouvé la formule magique qui a lubrifié la théorie. En bidouillant un peu les échelles, en s'accrochant aux branches de l'invariance qui touche certaines jusqu'à un certain point, il a finalement réussi à savoir...

Un jour Gronk a enfin trouvé où il était : il n'était pas là où il avait un moment cru qu'il était – ce qu'il avait trouvé fort intéressant – mais il n'était pas non plus là où il aurait pu être. Et comme il n'avait pas la moindre idée de là où il aurait dû être, il se contenta de continuer d'être. Ici. Où là, c'est comme on veut. Il savait au moins qu'il n'était plus au centre, sans toutefois savoir où il était rendu ni même s'il y avait vraiment un centre. Disons qu'il était dedans et que, si son corps n'était plus au centre, c'était tout de même autour de son esprit que tout cela s'était construit. Autant dire que tout éloigné qu'il se trouve de ce fameux centre, il était tout de même au beau milieu de tout ce chamboulement et que, diable, son voisin Tronk, là-bas à 35 kilomètres de lui, était lui aussi à son propre beau milieu de tout ce chamboulement ! Ce qui ne changeait pas grand-chose par rapport à son point de départ ! En gros, après avoir mesuré tout cela, il pouvait dire, comme l'avait fait son aïeul, qu'il était là et que tout ça s'agitait autour de lui! Encore que ça puisse bien être lui qui s'agite autour de tout ça !…

Mais bon, il connaissait la taille du soleil et la vitesse de la lumière, il savait la masse d'une chiure de mouche et l'âge du capitaine, ce qui n'est pas mince affaire…Il savait aussi qu'il était vivant, maintenant, et pour quelques temps encore, mais combien de temps, il n'en avait pas la moindre idée. Il savait que ça avait commencé avant et que ça finirait après, qu'il mesurait en gros 1m70 et qu'il aurait pu avoir 1,34 enfant au cours de son existence si, au lieu de mesurer tout ce qui bouge, il avait fait des bébés à sa copine, que sa température préférée était de 37° ici, de 97 et des poussières là-bas et qu'il pouvait compter en gros sur 300 000 cheveux pour se protéger le crâne. Il n'osa pas penser que même sa belle-sœur, qui n'était pourtant pas une lumière, aurait pu lui en dire tout autant…

N'empêche, il avait fait un sacré bout de chemin et il était fier de lui. Il n'avait pas perdu son temps ! Il avait le sentiment du devoir accompli. Toutes ces choses qu'il avait découvertes, toute cette science qu'il avait accumulée! Il pouvait mourir tranquille, passer la main dans la sérénité. Il savait enfin.

Paisiblement, il allait s'installer sur sa peau d'ours redessinée par Philippe Stark et produite par Dupont de Nemours quand une stupide question lui déchira de nouveau l'esprit, indistincte, comme une sorte de grésillement dans un circuit :

—QUI-comment-où-quand-POURQUOI ?

Le principe

Dans leur petite maison sise au coin de la rue du Lys, la famille Mède réussissait tant bien que mal à joindre les deux bouts. Archi veillait à ce que rentrent les quelques sous nécessaires à assurer un petit train de vie et Niko, sa femme, comme toutes les femmes grecques de l'époque, restait à la maison où elle accomplissait pratiquement toutes les tâches ménagères.

Elle cardait et filait la laine, confectionnait les vêtements, préparait les repas, récurait le logis et n'avait guère le temps de commérer avec ses voisines qui, soumises aux mêmes impératifs, n'y auraient d'ailleurs pas pensé ; Archi était un homme aux multiples ressources intellectuelles – sinon pécuniaires – qui se repaissait de problèmes de toutes sortes. Il ne se passait pas une journée qu'il n'eût découvert une formule, inventé une machine, résolu une énigme, imaginé un nouveau problème. À peine venait-il d'inventer les moufles qu'on le voyait aux prises avec les conoïdes. Il étonna le voisinage avec une vis qui, bien qu'elle eût une longueur finie, n'en était pas moins réellement une vis sans fin. Pendant de longs mois, on le vit, avec des arbres de différentes essences et de différentes longueurs, soulever, apparemment sans effort, des charges impressionnantes. Il fit sensation lorsqu'il proposa de soulever la terre et l'administration de Syracuse s'engagea même dans un long et laborieux processus pour faire demande officielle auprès de l'Olympe afin qu'on fournît un bonhomme le point d'appui qu'il réclamait à grands cris.(1) Il s'était, voilà quelques mois, attaqué à l'épineuse indécision de π.

Lorsque Archi rentra, il était plus tôt que d'ordinaire. Il ne salua même pas Niko qui était en train de balayer l'entrée et se dirigea, sans lever les yeux, vers sa chambre. Il resta un long moment à méditer en faisant les cent pas dans la pièce. Sa main gauche, en travers de la poitrine, soutenait son coude droit qui, lui-même, plaçait l'avant-bras à un angle tel que la main droite, dont le pouce, l'index et le majeur étaient écartés, formait un support triple dans lequel s'insérait confortablement le menton. Il hochait la tête tout en arpentant la pièce ce qui faisait jouer, dans un élégant mouvement de bielles, ses deux bras ainsi articulés et, eut-il possédé un miroir, il n'aurait pas manqué d'inventer la locomotive. Mais son attention était tournée vers une toute autre préoccupation : Hiéron(2), qui l'avait invité à prendre un verre d'hydromel en sa compagnie, venait en effet de lui soumettre un problème autrement ardu dans lequel il était question de couronne, d'or, d'argent, de fraude… Archi se rongeait donc les méninges afin de découvrir la solution qui donnerait satisfaction à son roi. Après quelques heures de cette promenade intense, il commença à se sentir las et se dit qu'un bon bain chaud lui ferait le plus grand bien. Il jeta donc quelques ordres brefs à son épouse et, se disant que l'eau prendrait bien une bonne demi-heure à chauffer, il ajouta quelques éléments à sa réflexion.

« Toute couronne portée par une tête royale subit, de la part de cette tête, une poussée verticale et de bas en haut, égale au prix payé par le… » commença-t-il, sentant bien qu'il avait là le début de quelque chose de fondamental. Il dut pourtant renoncer à continuer quand il s'aperçut que la racine carrée de l'intelligence du souverain n'était pas calculable(3).

« Σερδε » glapit Niko à l'autre bout de la maison.

Tout à son problème Archi se défit de son péplos qu'il jeta, au passage, dans les latrines, jeta d'un coup de pied chacune de ses sandales dont l'une atterrit dans la marmite de soupe(4), attrapa sur la table de cuisine une belle pomme rouge qui se trouvait là – Zeus sait comment, le hasard n'ayant pas encore été inventé – et se glissa avec délices dans l'eau glauque où Niko lavait des toisons.

Archi était souvent étourdi !

Remis dans le droit chemin par la main ferme de son épouse, Archi, confortablement submergé d'eau claire, parfumée et bien chaude, s'accouda sur le rebord de la baignoire sabot et s'apprêtait à mordre dans la pomme lorsque l'idée le frappa : « Ζε τρων ! beugla t-il(5) » beugla-t-il en jaillissant de son bain et c'est dans ce simple appareil(6) qu'il sortit de chez lui, annonçant simplement à qui voulait bien l'entendre qu'il « ανε τρων ».

De retour au bercail, il déposa la pomme là où il l'avait prise et fouilla fiévreusement dans la cuisine pour y trouver le tablier de toile grise que Niko portait habituellement lorsqu'elle préparait les repas. L'ayant découvert, il s'en couvrit l'abdomen, noua les cordons sur sa chute de reins – qu'il avait fort attrayante – et, eût-il été près d'un miroir, il n'eut pas manqué d'inventer l'érotisme. Scandant ses gestes de son « Ζε τρωνε », il réunit un bol de terre cuite, un sac de farine, un peu de sel, un pot de miel et une vasque à moitié pleine d'eau. De sur le feu de sarments, il retira la soupe où flottait encore sa sandale et y mit à chauffer un récipient à fond plat dans lequel il avait mis un peu d'huile. Il versa de la farine dans le bol, pinça une pincée de sel, coula quelques larmes de miel, ajouta de l'eau en remuant le tout jusqu'à obtenir une pâte lisse et légère. Il attrapa alors la pomme qu'il éplucha consciencieusement et qu'il coupa en tranches peu épaisses dont il ôta les pépins. L'huile grésillait maintenant harmonieusement sur le feu. Il prit une tranche de pomme, la trempa dans la pâte et, avec un râle de satisfaction, la plongea dans le liquide bouillant.

Archi venait d'inventer le beignet.

C'est lorsqu'il plongea la deuxième tranche dans la pâte, après avoir dégusté son premier beignet, que l'idée le frappa : « Ζε εηκωρε τρωνε » ! beugla-t-il de nouveau et c'est dans cet étrange accoutrement qu'il s'éjecta de nouveau de chez lui pour annoncer la bonne nouvelle. Il trouvait tellement de choses que les habitants de Syracuse ne se formalisaient plus de ses sorties intempestives ; ils le saluaient de la main, le félicitaient vaguement de sa nouvelle découverte et vaquaient à leurs occupations. Ils avaient seulement insisté pour qu'il monte sa porte de façon qu'elle s'ouvre vers l'intérieur – ce qui était contraire à la tradition – rendant ainsi son bout de trottoir moins dangereux pour les passants.

De retour au bercail, il grava pour la postérité le principe qui porterait son nom : « Toute tranche de pomme plongée dans de la pâte à crêpe subit… » et qui, malheureusement nous a été transmis dans une forme édulcorée plus conforme à l'esprit scientifique.

[1] *Nous sommes ici en présence du premier cas documenté prouvant l'effet néfaste de la lenteur administrative sur le progrès de la science.*

[2] *Le roi de Syracuse dont l'histoire n'a pas osé transmettre le nom de famille tant il portait à rire. Un récente découverte permet maintenant de réparer cet oubli, il s'appelait Petipatapon.*

[3] *Il était en effet, selon Euclide, le vieux copain dont Archi avait fait la connaissance à Alexandrie, impossible de concevoir la racine carrée d'un nombre négatif.*

[4] *Absorbé par son histoire de couronne, il ne s'aperçut pas que la sandale flottait dans le potage, subissant de la part du liquide ainsi déplacé une poussée verticale, dirigée de bas en haut, égale au poids du liquide déplacé.*

[5] *Euréka (N.d.t.). Il faut rappeler ici que M. Mède était affublé d'un épouvantable défaut de prononciation.*

[6] *Plus tard dans sa vie, il allait inventer des appareils plus complexes que celui-ci.*

«Les tamoins qui s'ardent »

Les tamoins tui s'ardent se torminent corlout
Contre les trèbes de la juble
Et les solatants tui solatent les décliguent du doigt
Bief les tamoins tui s'ardent
Ne sont là pour gensonne
Et c'est gralement leur vombre
Tui strible dans la juble
Balliorant la farge des solatants
Leur farges, leur plaudries, leurs samires et leur endie
Les tamoins tui s'ardent
Ne sont là pour gensonne
Ils sont vailloirs, bien plus toin tuè la juble
Bien plus chaut tuè le gourd
Dans la cruissante choirté de leur premier esgourd.

Ce texte, découvert en 1956, a été traduit par Jacques Prévert sous le titre

Les enfants qui s'aiment
Les enfants qui s'aiment s'embrassent debout
Contre les portes de la nuit
Et les passants qui passent les désignent du doigt
Mais les enfants qui s'aiment
Ne sont là pour personne
Et c'est seulement leur ombre
Qui tremble dans la nuit
Excitant la rage des passants
Leur rage, leur mépris, leurs rires et leur envie
Les enfants qui s'aiment ne sont là pour personne
Ils sont ailleurs bien plus loin que la nuit
Bien plus haut que le jour
Dans l'éblouissante clarté de leur premier amour.

Promenade

Tu es dans la forêt, tu promènes ton chien… Il fait beau. Un peu chaud, même. Tu regardes alentour. C'est le moment extraordinaire de l'année où tout se remet en route. Tout, autour de toi, invente des nuances de vert dont tu n'avais pas idée. Quelques insectes qui ne savent pas qu'il va encore faire froid cette nuit (mais qui au fond s'en fichent bien !) te remettent en mémoire le bourdonnement de leurs ailes. Les oiseaux dont le chant te ravit se soucient beaucoup moins que d'une guigne de ton plaisir, tout occupés qu'ils sont à attirer l'attention d'une compagne. Ton chien se fond dans le décor ; il le vit, il l'absorbe, par le nez, surtout, par les oreilles aussi. Un peu par les yeux, mais tellement peu… Il met tout cela dans sa drôle de mémoire. Si tu reviens par-là après demain, il fera les mêmes stations aux mêmes endroits, t'attendra à la croisée des chemins pour savoir si tu vas à gauche, comme l'autre fois ou bien si tu prendras à droite, comme la fois d'avant… Alors que toi tu seras presque perdu…

Tu t'extasies un peu sur la beauté de tout cela. Tu as beau faire attention, toute une théorie de clichés te tombe dessus. Du « c'est drôlement beau la nature » au « on n'est tout de même pas grand-chose », tu ne peux pas t'empêcher de les coller ici et là dans la forêt qui s'en fout bien. Elle s'occupe bien plus de vivre que d'être belle. Ou grande. Mais il faut bien admettre que c'est tout de même intéressant de voir comment tout cela marche bien. Parce que toi, tu as rudement besoin de savoir que tu es là et pas autre part, que tu traînes dans ton histoire une petite certitude qui s'applique dans ce lieu où, en vérité, tu n'es pas tout à fait à l'aise ! Une petite phrase à plaquer sur cette réalité dont tu n'es pas si sûr... Ton chien n'a pas de cliché. Il fait son truc. Quoi que soit ce truc... Il pisse ici et là. Un bout de trace qui s'inscrit dans la drôle de mémoire de l'endroit. Et qui s'inscrira peut-être dans la drôle de mémoire d'un autre chien qui passera par-là. Ou d'un renard. Ou même d'une taupe...

Tu essayes de reconnaître un oiseau par son chant. Tu fouilles dans l'index qui t'encombre les méninges... ça y est, tu l'as retrouvé, c'est un roitelet. Tu peux même dire qu'il se nomme aussi troglodyte (en fait, après vérification, tu t'aperçois que ce n'est pas vrai ; ils n'ont rien à voir... L'oiseau, lui, n'a pas changé !)... Avec ça tu es content, tu as l'impression que tu es entré en contact avec lui. Tu télécharges son image dans ton écran intérieur. La communication est établie... Tu sifflotes un coup, tentant de l'imiter. Ah, la vache, il te répond !... Tu parles ! ... Au fond, ce n'est pas si grave que ça, qu'il te réponde ou que ce ne soit qu'une simple coïncidence et qu'il s'occupe seulement de sa vie à lui. Toi, ça te fait du bien, tu as l'impression qu'on t'écoute... ça te rassure qu'on te parle ! Toi, pour croire que tu existes, tu as besoin qu'on te le dise. Et donc, s'il existe dans ton monde, cet oiseau, il n'y a aucune raison pour que tu n'existes pas dans le sien ! Pardi ! Et tu lui as donné un nom, alors ! ... Ton chien continue de renifler à droite et à gauche. Il plonge son nez dans les feuilles mortes, gratte un coup. Il n'a pas de nom pour ce qu'il a senti, il se fout royalement que tu ne saches pas ce que c'est...

Les fleurs ne parlent pas. Mais tu ne peux pas te laisser ainsi flouer par quelques cellules végétales. Tu veux aussi les faire entrer dans ta configuration. Tu ne peux pas résister, tu en cueilles une et tu l'observes. Tu ne pouvais pas la laisser en paix et vivre ta vie à côté d'elle, non. On t'a appris que tu devais au moins savoir le nom de la jeune fille avant de lui faire l'amour. Et comme tu t'estimes assez malin pour imposer ton charme à ce qui t'entoure, tu l'arraches à sa famille, tu colles ton gros nez sur sa robe et même si ton rictus indique qu'elle n'est pas assez parfumée pour toi, tu lui cherches un nom. Tu te souviens de ton irritation devant ces belles inconnues dont aucun répertoire ne recèle le label ? Elles t'agacent. Et même si elles sentent bon, tu les aimes déjà moins. Ça t'insupporte d'être ainsi tenu à l'écart. Pourtant, si tu voulais. Ton chien s'en fout bien, il pisse dessus ! À chacun sa galère !

Tu es incorrigible ! Te voilà à te demander des pourquoi et des comment... Comme si la chaleur du soleil sur ton dos n'était pas suffisante pour te faire du bien... Tu te demandes l'âge d'un arbre. Tu essaies de comprendre pourquoi cette branche a pris cette forme si particulière. Ça, c'est bien toi ! Comme s'il y avait des formes particulières pour une branche, comme si chacune n'était pas particulière ! Arrivé au bord d'un profond ravin, tu essaies de visualiser les millénaires qui l'ont creusé... Tu essaies de tisser un lien entre la masse de roche qui manque et le sable dans lequel tu as fait des pâtés quand tu étais gamin... Tu n'y arrives pas ; c'est trop gros ! Comment est-ce possible qu'il y ait tant d'espèces d'oiseaux, d'essences d'arbres... Quand la fougère a-t-elle cessé d'être une fougère ? Et pourquoi cette fleur est-elle violette alors que celle-ci est jaune. Est-ce qu'il y aurait plus de fleurs jaunes au printemps ? Comment savoir ? Ton chien ne cherche pas, il trouve...

Tout cela, bien sûr, met en route la machine à faire le temps. C'était comment avant ? D'où ça vient ? ... Le passé, ça marche bien, ça vient tout seul. Il t'en reste plein de bouts accrochés dans ta drôle de mémoire alors tu crois qu'avec tous ces bouts tu peux reconstituer l'histoire. Si tu connais l'histoire du monde, c'est que tu en fais partie. Ça te rassure. Tu penses, donc tu es !... Il y a tout d'abord toutes ces choses que tu as vécues au cours de tes années, tes bouts d'expériences, tes images... Des sons aussi et des odeurs. Des odeurs surtout... Ces pins-là tu les as déjà sentis quelque part... Tu t'arrêtes un peu sur eux car ils sentent vraiment fort dans la chaleur de l'après-midi. L'espèce d'image virtuelle se compose, pixel par pixel. Les éléments se rassemblent, mais il manque encore le plus important :

quand ? Tu as les mots, tu as l'image, il te manque encore le temps. Indispensable, le temps. Ça y est, tu te revois tout mouflet sur la Côte d'Azur avec tes parents… Bon, tout va bien, le fil n'est pas rompu ! Tu fignoles l'ensemble avec l'odeur du saucisson du pique-nique et la saveur de la goutte de rosé qu'on t'avait permise… Il n'y a pas de trou dans le tissu de ta vie. La mémoire tient la route, l'Histoire se tient. Tu y as ta petite place, c'est bon à savoir. Tu penses, donc tu étais… Et puis il y a aussi, dans le passé, toutes ces choses que tu as apprises sur lui. Tu ne les as jamais vues, tu ne les as jamais touchées, mais on te les a racontées… Ce que tu avais dit lors du fameux pique-nique… Et bien sûr toutes les explications qu'on t'a données sur ci et sur ça. Les sensations cèdent la place aux mots, l'Histoire redevient l'histoire. Il a bien fallu que quelqu'un t'explique que la roche qui manque ici est maintenant là-bas sur la plage. Sinon, comment diable aurais-tu, tout seul, pu deviner ? On t'a dit que tout avait été couvert d'eau, que la plage était ici… Puis qu'il y avait eu des dinosaures… Puis ton chien, qui se soucie des dinosaures comme de sa première saillie… Et il y a aussi ce que tu t'es expliqué toi tout seul, sans l'aide de personne, tes petites solutions personnelles… C'est un écureuil d'aujourd'hui que ton chien a flairé et, que celui-ci descende de ci ou de ça, ou même de l'arbre, rien ne vient affecter son plaisir. Est-ce d'ailleurs du plaisir ?

Le cul bien installé dans ton passé, tu commences à prendre tes aises et tu commets l'erreur fatale : tu te mets à distiller du futur. Puisqu'elle a un passé, ton histoire, elle doit bien avoir un avenir… «Avant» exige qu'il y ait «après» !… As-tu remarqué comme tout marche toujours par deux : le noir n'existe que par le blanc, la nuit par le jour, l'amour par la haine, hier par demain. Dès que tu inventes quelque chose, il vient avec son contraire. Sauf « maintenant »… Et comme passé et futur méprisent également ce « maintenant », s'octroyant le droit d'être avant ou après n'importe quoi, toi, tu contournes allègrement l'obstacle du présent et tu inventes l'autre côté de ton décor. Un après que tu ne peux imaginer qu'avec tes moyens d'avant ; une espèce de prolongement du décor… Que sera-t-il advenu de cette fleur demain matin, aura-t-elle perdu le teint de sa robe pourprée ? Cet arbre sera magnifique quand ses feuilles seront entièrement développées. Le troglodyte qui crie son amour aura quatre petits dont trois se feront bouffer par quelque prédateur. Espère au moins que le quatrième ne se foutra pas en bas du nid ! À quel âge cet arbre va-t-il mourir ? Tu te fais écolo ou chasseur ; même combat : faire l'amour à tout cela ! Le ravin sera-t-il plus profond dans trois millions d'années ? La plage plus épaisse ? Tu reviendras la semaine prochaine… Tiens, un piquenique dans ce coin-ci, au bord du ravin, avec vue sur des kilomètres de collines, ce serait vraiment chouette. Encore faudrait-il qu'il fasse beau ! Tiens, c'est vrai, ça, quel temps fera-t-il demain ? Fera-t-il aussi beau qu'aujourd'hui ? Le beau temps d'aujourd'hui, tu n'as pas tellement le temps de t'en occuper, il faut planifier demain, te remémorer les fois où il faisait plus beau qu'aujourd'hui. Faudra pas que tu manques Anaïs Baydemir, ou Valérie Maurice, ce soir. Comment diable pourrais-tu vivre sans savoir le temps qu'il fera demain ? Il te faut une continuité. Tu as horreur du vide ! Ce serait tellement bien, d'ailleurs, si tu pouvais aussi savoir le temps qu'il fera dans une semaine, dans quinze jours… Le jour de ta mort… Le temps existera-t-il même demain ? Le temps, c'est le temps ! Heureusement que la météo est là pour te rassurer ! S'ils le disent, c'est que c'est vrai ! Même si tu as déjà oublié qu'aujourd'hui ils t'avaient prévu de la flotte ! Quand il fait beau, tu t'inquiètes parce que tu te demandes s'il continuera à faire beau demain, et s'il fait un temps de cochon tu te demandes si ça va se mettre au beau demain ! En fait le seul temps qui t'intéresse c'est celui qu'il fera plus tard. Et plus ça va plus on peut ne pas savoir dans plus longtemps ! Aujourd'hui, c'est sans importance ; ce qu'il y a de grave dans aujourd'hui, c'est demain. En fait, aujourd'hui n'aura d'intérêt que demain, quand il sera devenu hier. Ça te fera un sujet de conversation en attendant le demain de demain. Tu penses, donc tu seras !… En fait tu ne parles jamais du présent qu'au passé ou au futur… Il faut dire à ta décharge que le présent, c'est tout de même drôlement court ! Ton chien a abandonné son effluve de souris. Son nez tout terreux est à l'écoute d'une odeur présente. Il a déjà oublié qu'il avait passé un bon moment à renifler une bestiole. Ou plutôt, il l'a rangé dans sa drôle de mémoire. Son passé, il n'éprouve pas le besoin de se le ressasser pour donner du sens à son présent, pour envisager un futur. Il se fout bien de supputer sur demain, sur l'autre bestiole qu'il va flairer dans trois minutes. Il n'a pas besoin de se l'imaginer, son futur, il a une confiance totale dans le fait qu'il va renifler quelque chose. Il a tellement confiance, qu'il n'y pense même pas. En vérité, il se rappelle tout de même les trucs qui lui ont fait mal et dont il connait la configuration exacte, comme ça, si la même situation se présente, il saura qu'il faut l'éviter, mais il ne va certainement pas se demander si ça pourrait lui arriver de nouveau ! Il n'a donc pas besoin d'y penser puisque c'est seulement quand ce sera là qu'il réagira! Toi, tu penses déjà à rentrer parce qu'il va commencer à faire frais... Tu appelles ton chien qui, de bonne grâce, fait demi-tour. Il est bien partout, lui. Il y a autant à flairer sur le chemin du retour. Ce qu'il fait avec d'autant plus de confiance qu'il se retrouve à chaque centimètre de piste...

Tu es rentré. Ton chien a retrouvé son coussin. Tu es content. Tu as fait une belle promenade. Tu la colles, joliment enveloppée, dans ton tiroir à passé. Une histoire de plus dans l'Histoire. Tu la ressortiras les jours de déprime ou quand tu seras en manque de futur... Alors, en attendant l'heure de l'apéro, dans ta tête tu prépares la promenade suivante alors que ton chien est en train de se régaler de la douceur présente de son panier... Et qui se dirait, s'il avait besoin de se rassurer : « je ne pense peut-être pas, mais je suis ! »

DEUXIÈME PARTIE

Où je décide de m'amuser et d'écorner les contes et les fables !

Rien de sérieux, c'est juste pour jouer encore avec mes mots

La fourmi et la cigale

La fourmi ayant trimé
Tout l'été
Se trouva fort dépourvue
Quand la bise fut venue
Rien que des petits morceaux
De mouche et de vermisseau.
Elle alla crier son spleen
Chez la cigale sa voisine,
La priant de lui prêter
Amitié pour subsister
Jusqu'à la saison nouvelle.
« Je vous paierai, lui dit-elle »
Avant l'oût, foi d'animal,
Intérêt et principal ».
Cigale n'est pas bêcheuse :
C'est là sa moindre valeur.
Que faisiez-vous par chaleur ?
Dit-elle à la malheureuse.
«Nuit et jour à tout venant
Je bossais, ne vous déplaise»
«Vous bossiez ? J'en suis fort aise.
Eh bien ! déprimez maintenant.»

Le corbeau et le Renard

Notre maître corbeau, sur son arbre planté,
Arborait en son bec fromage bien daté.
Notre renard passait et voyant le tableau,
Se rappelant la fois où le stupide oiseau
Onctueusement flatté s'était mis à chanter
Se dit «Il est si bête, je vais répéter
Cette scène facile et j'aurai de nouveau
Un fromage bien fait pour nourrir les marmots»
«Et bonjour Monsieur du Corbeau.
Que vous êtes joli! Que vous me semblez beau!
Sans mentir, si votre ramage
Se rapporte à votre plumage,
Vous êtes le phénix des hôtes de ces bois»
Alors le bon corbeau, un sourire narquois
De son bec qu'il ouvrit, laissa tomber sa proie.
Le palet de hockey déguisé en fromage
Atterrit sur Goupil faisant bien du dommage.
La pauvre bête alors, commotionnée, honteuse
S'en retourna chez elle, la mine bien piteuse.
Le corbeau tout là-haut, s'égosillant de joie,
Rappela au renard de sa plus belle voix :

«Une fois tu me trompes et la honte est pour toi
Mais deux fois tu me trompes et la honte est pour moi !»

Une histoire d'amour

Le cœur léger, le regard bleu
Johan fringant piqua des deux.
Par-delà les vaux et les monts
Les flots les marais et les ponts.
Belle Princesse elle attendait
Celui qui la réveillerait.
Prince confit dans son amour
A Blanche il composait un lai
Parlant de sexe et de toujours
De longs baisers et de palais.
Au détour du chemin poudreux
Ci se lançait, branche assassine,
Sur le chemin de l'amoureux
Lors qu'il rêvait Blanche câline,
Le bécotant, le titillant…

La tête elle lui éclata.

Près de son corps on découvrit
Son iPhone encore allumé…
Cavaliers tout d'amour épris
En chevauchant non ne textez !

Le loup et le gigot

Dans le courant d'une onde pure,
Gna gna gna gna gna gna gna…ure
Grrr, croque, miam, miam, schlp, schlp, rot, hmmhh.
"Tppfft, tppfft, tppfft, se plaignit le loup,
Mécontent, la lèvre tordue ;
« Foi d'animal, le prochain coup
J'en choisirai un qu'est tondu ! »

METRO

CORENTIN CARIOU. C'est déjà la foule…

Le wagon est bondé. Je réussi à m'y insérer.

Je te vois.

Je ne vois que toi…

Autour de la barre déjà chaude d'autres mains avant la tienne,

Ta main s'accroche.

Sa rigidité te rassure…

Je joue des coudes,

Je m'approche tant bien que mal.

Des regards mauvais…

Je m'accroche à la barre

Ma main contre ta main.

Tu ne bouges pas.

Je crois deviner un sourire.

A la faveur d'une autre fournée je me presse contre toi.

Cuisse contre cuisse.

Tu es toute vibrante.

Un autre sourire esquissé ?

On est bien.

POISSONNIERES…

Tu descends…

Tiens je descends aussi.

Je suis à côté de toi sur l'escalator.

Nos mains se touchent.

En haut tu trébuches…

Exprès ?

Je te retiens.

Je ne te lâche plus.

Tu acceptes.

Nous marchons main dans la main.

Tes pas s'accélèrent.

A C G 5 B, déclic : la porte cochère cède…

L'ascenseur est en panne.

Tu me précèdes dans l'escalier.

Je vois la douceur de tes cuisses,

L'image de ton string…

Effluves…

Ta clé tremble dans la serrure.

À peine la porte ouverte tu m'étreins.

La porte claque derrière moi.

Ta langue est téméraire

Ta main s'insère, s'enroule

Tu t'accroches de nouveau.

Rassurée, satisfaite...

Ma main se glisse.

Moiteurs…

Tu cours à ta chambre.

Me traînes par la ceinture.

Des effets éparpillés.

Tu te jettes sur ton lit.

Écartelée.

Tu forces ma tête dans la mousse de ton sexe.

Je déguste, tu commentes.

Épices de tes mots, épices de tes lèvres…

Tu n'y tiens plus.

Je n'y tiens plus…

Missionnaire, bêtement.

Je plonge dans le ciel de tes yeux,

Surfe sur la houle de ton corps.

Je n'y tiens plus…

Tu n'y tiens plus…

Je vais…

Tu vas…

CENSIER DAUBENTON !

Merde j'ai loupé ma station.

La robe rouge

La plage, le sable chaud, l'eau trop chaude…
J'attends, je ne sais quoi
Là-bas une robe rouge qui approche
La robe rouge danse, vole vers moi,
M'enveloppe, m'étreint, m'embrasse
Le goût de tes lèvres, je t'aime…

Nuages noirs, orage, disparue la robe rouge
Juste un souvenir, parfait, obsédant.
Le temps passe, vingt ans déjà,
La robe rouge n'a pas un pli, n'a pas perdu sa couleur,
Danse dans la brise de mes rêves…

Contact imprévu, rendez-vous…
Le parking, une silhouette là-bas
Qui s'approche…
Si longtemps déjà.
Un jean délavé, un tee-shirt bleu, des yeux bleus
Mais c'est la robe rouge qui s'approche
La robe rouge danse, vole vers moi,
M'enveloppe, m'étreint, m'embrasse
Le goût de tes lèvres, je t'aime…

Nouveaux nuages, nouvel orage
Qui emportent la robe rouge
Avec ses étreintes, ses baisers
La plage, le sable chaud, l'eau trop chaude…
J'attends, je ne sais quoi
La robe rouge ne reviendra pas

Je t'aime…

RER (Rien que pour le plaisir d'écrire)

Gare du Nord. La grande façade de verre. Voici quelques années il y avait au-dessus de l'entrée un assemblage de lettres qui épelaient « ENTREE » en… entrant et qui – les mêmes lettres vue en transparence – en sortant disaient « SORTIE ». Je ne sais pas combien de passagers s'en sont aperçus, mais c'était vraiment bluffant. Depuis, ça a été enlevé, puis remis… Vas-y comprendre quelque chose…

Le hall grouille. 6h20 c'est l'heure ! Ça va dans tous les sens, ça se bouscule – pas trop en fait – ça sourit pas. Mais ça s'engueule pas non plus. Heure de pointe ordinaire. Les talons des femmes claquent sur le sol. À toute vitesse. Tacatacatac ! On ne fume plus c'est déjà ça de gagné. Un couple de touristes anglais égarés trimbale ses valoches de droite et de gauche. On n'a vraiment pas le temps de les renseigner… Ah si, quelqu'un les prend en charge. Non, pas de la SNCF, mais un pékin qui passait et qui a eu pitié d'eux.

Pour le RER, il faut descendre. En haut de l'escalator une jeune maman-poussette tente tant bien que mal de chopper la première marche. Le flot se glisse de chaque côté d'elle. Elle devra se démerder toute seule. Le gamin braille ! Elle s'en fout, son souci pour l'instant c'est de ne pas le laisser dégringoler. Il peut brailler tout son saoul. Je me demande comment elle va faire face aux tourniquets.

Les voici justement les tourniquets. L'habituelle cohorte des sauteurs ! Gare du Nord, ces jours-ci je crois qu'il vaut mieux ne pas leur faire de remarque. Tiens, là-bas à gauche, un type s'est fait chopper par les agents du métro. Pas de billet. Bien fait pour ses pieds après tout. C'est un peu nous tous, les tourniquèteurs, qui payons son trajet ! Oui, je sais, ça fait vieux réac, mais bon. J'assume !

RER D, là-bas au fond. Voie 40 et des poussières. L'escalator est en panne. Marrant comme ça fait bizarre d'entrer sur un escalator en panne… On voit les stries des marches… qui ne sont pas encore des marches… mais qui vont le devenir. On a toujours peur de se casser la binette. À moins que ce soit moi…..

Sur le quai, c'est la cohue habituelle. On se croise, on se regarde pas. Chacun vaque à ses propres pensées. Peut-être même à aucune pensée. On refait juste une fois de plus le chemin qu'on fait depuis des années. Réflexe. Ici, c'est pas un monde, juste un « no-monde-land » entre boulot et dodo. Ça sert à rien de le vivre. C'est dommage pourtant, il y a des gens, des vies, des cultures, des histoires qui se croisent. Mais c'est vrai qu'il est difficile de lire tous ces visages fermés. Trois jeunes sur le bord du quai esquissent des figures de hip-hop. Tout le monde s'en fout et les évite. Dommage encore, ils sont assez bons et ce qu'ils font est assez joli. Je regarde. Ils sont contents, ils se marrent. Des portables sonnent. Enfin, sonnent, c'est un bien drôle de mot si on considère la variété des appels… Il y en a de sympas…

La rame entre en gare. Bondée. Attention les yeux, ça va gicler dès que les portes vont s'ouvrir ! Joli bazar entre ceux qui veulent descendre tout de suite et ceux qui veulent monter tout de suite. C'est vrai que les places assises sont chères. Ceux qui sortent pourtant ne vont pas s'asseoir !... La jeune femme au bambin braillard est là et tente de se frayer un chemin ET d'engranger la poussette par-dessus le grand vide entre le wagon et le quai. Elle gène, c'est évident ! Il y en a qui bougonnent. Je l'aide à porter l'assemblage poussette-bébé. Oh, j'en fais pas une gloire, mais bon, il semble que j'ai été le seul à y penser. No-monde-land pas à vivre. Il n'y a que des individus déconnectés de cette agitation-là. Enfin déconnectés de la vraie vie, parce que les smart-phones sont légion, ça leur permet d'être loin d'où ils sont ! Ils revivront à Saint Denis ou Sarcelles. Comment pouvaient-ils voir la pauvre fille.

Tchi-tchitchi tchi tchitchi tchi tchitchi… Un jeune gars, en sandwich entre les écouteurs de sa boîte à musique, me double. Malgré le brouhaha je peux presque distinguer les paroles… Bel avenir pour les ORL et autres fabricants d'aides auditives. Dommage (oui, encore !) c'est sympa d'entendre ses concitoyens vivre autour de soi. Le bruit des roues, la sonnerie de fermeture des portes, les respirations, les conversations, tout ça c'est notre monde, notre époque. Certes on pourrait bien se passer des portables, mais bon. Quand on se sent seul au centre de centaines d'individus il faut bien se rattraper sur d'autres individus qui ne sont pas là. Étrange ! « Je suis dans le train… » ça c'est un scoop. « J'ai acheté une baguette »… C'est étonnant de regarder les gens avec leur portable. Bon sang qu'ils l'aiment leur savonnette ! Et je te la garde à la main, et je te la caresse, et je te la regarde, et je te la lâche pas… Dans le train, ça doit remplacer la cigarette. Il y a ceux qui se font un solitaire et il y a les branchés qui peuvent se regarder un match ou se recevoir leurs courriels. Et se prévaloir des milliers de fonctions qui sont à portée de doigt. On comprend qu'ils n'aient ni le temps ni l'envie de regarder leurs concitoyens ni de leur sourire, il faut justifier la dépense.

Le wagon est plein à craquer. Et là je m'aperçois qu'ils sont tous de couleur… Ça gêne pas, mais je le remarque. Ça aussi j'assume… De même qu'ils ont sûrement dû remarquer la tache blanche…

Une fille superbe de partout est avec son copain. Debout pas loin de moi, ils sont collés l'un à l'autre, Siamois reliés par le cœur. Ou dieu sait quoi ! Lui, il est moche ! Gras et mal foutu, le pantalon sur les cuisses, déguisement tolard… On se demande ce qu'elle fait avec un truc pareil ! Je m'énerve quand je pense comme ça, vieux machin tout plein de préjugés. Il est peut-être tout plein de prévenances pour elle, tout doux, tout gentil...

Une Mamie montre des signes de mécontentement face à un jeune, assis, qui lui aussi se dézingue les oreilles. À bout de nerfs, elle lui touche l'épaule. Boum, le voilà qui dégringole de sa galaxie et se retrouve dans le vrai monde. Il paraît vraiment désolé, esquisse un sourire gêné, s'excuse à travers son tintamarre et lui cède sa place. Et réintègre sa dimension. Elle doit penser qu'on n'a plus les jeunes qu'on avait !

Le Rom ne peut pas passer avec ses papelards expliquant qu'il a une flopée de môme et qu'il veut des sous ou un ticket repas... Vu l'heure, il est probablement en train de rendre des comptes et de se faire remonter les bretelles s'il n'a pas rapporté assez.

Saint-Denis, ça descend. Mais c'est encore plein. On repart. La houle des voyageurs suit les imperfections de la voie. Quelques portables sonnent. Une conversation prend de l'ampleur. Un rire fuse au bout du wagon. Il y en a tout de même qui vivent !

On se prend à se demander en voyant toutes ces ethnies mélangées, tous ces accoutrements variés, en entendant toutes ces langues fabuleuses, comment ces gens vivent. Envie d'entrer chez eux, de découvrir la déco, de les voir s'embrasser ou s'engueuler, de se laisser prendre par les odeurs de leur cuisine. Je ne sais rien d'eux, ou si peu... Je connais mon petit univers, ma bouffe à moi, mes mots à moi. Je fais les choses comme ça, mais eux ? Envie de savoir, d'apprendre. J'ai voyagé pourtant, mais qu'est-ce que deux ou trois années ici ou là face à l'immense diversité ?

Sarcelles. Ça débonde ! Les voilà tous partis vers leur boîte de HLM. Comment réussissent-ils à concilier les richesses de leur culture (même s'ils sont ici depuis longtemps il faut qu'ils la conservent) et la morne uniformité de leur logement ? Mystère...

Villiers-le-Bel. Les sauteurs sont bien emmerdés : des agents sont là à les attendre de l'autre côté des tourniquets... Sale temps... Va falloir patienter d'une façon ou d'une autre. Les claquements de talons résonnent dans le tunnel qui traverse les voies. Au milieu du tunnel un boulanger a été malin... C'est super de pouvoir attraper sa baguette au passage sans avoir à faire de détour. Encore quatre minutes de gagnées.

De l'autre côté, c'est la zone pavillonnaire. Monotone alignement de pavillons bien enfermés derrière leur mur. Fenêtres fermées, grilles fermées, tout fermé... On se demande pourquoi ils s'évertuent à planter de si belles fleurs si c'est pour rester à l'intérieur. Va y comprendre quelque chose.

Voilà, j'y suis. Bonjour à un voisin. Papotage avec la voisine. Derrière ma grille, derrière mon mur. Les clés... Oh les clés !... La chatte qui ronronne, la compagne qui tend les lèvres.

Une belle balade...

BOUCLE-NEIGE

Le château de la Reine Mathilde se dressait sur un pic acéré, là-bas, au fond de l'horizon. De méchants filets de nuages sombres s'accrochaient perpétuellement à ses multiples flèches et, à chaque instant, des éclairs griffaient l'air agité de spasmes. Des tourbillons de poussière sanglante arrachaient à la vallée les quelques soupçons de végétation qui tentaient de s'y aventurer, et venaient s'écraser sur les épaisses murailles qui, inlassablement, les rejetaient dans le ciel rouge. Nuit et jour, la montagne hurlait sa fureur et, avec des mugissements sinistres, s'écorchait les flancs, jetant sur ses pentes des avalanches meurtrières de roches tranchantes. Une longue estafilade tailladait le fond de la vallée jusqu'aux abords du château, s'en approchant finalement par d'innombrables lacets, comme si elle avait été repoussée, à maintes reprises, par un cantonnier diabolique. Le soleil avait, depuis bien longtemps, renoncé à s'aventurer dans cet antre et se contentait d'y injecter quelque rougeoiement.

Le château n'était guère plus accueillant. Construit de gigantesques pierres noires, il écrasait le monde de ses fondations. D'innombrables tours couvertes d'ardoises aux reflets métalliques donnaient l'assaut, dans une estocade mille fois répétée, à ce qu'il restait de ciel. Point d'ouverture qui pût inviter même le plus rude et le plus hardi des chevaliers. Seul un immense pont-levis laissait soupçonner la présence d'une entrée, mais il était lui-même si massif, si rageur, ses chaînes étaient si imposantes, sa construction si agressive que même les plus téméraires n'eussent pu supporter qu'il fût seulement baissé en leur présence.

Personne n'avait jamais frappé à cet huis si ingrat, personne n'avait jamais tenté l'ascension des derniers lacets du chemin, personne ne s'était jamais aventuré dans la vallée et rares étaient ceux qui avaient même eu le courage de penser qu'un tel lieu pût exister. Dans les villages alentours, on priait pour que soit donnée la grâce d'être capable d'ignorer cet enfer. Les parents n'osaient même pas en parler pour ramener leurs petits enfants à la raison. Chacun vaquait à ses tâches estimant que la vie était bien assez difficile sans avoir en plus à se soucier de cette vallée d'épouvante. On vivait en tentant de ne pas trop frissonner quand quelque éclair particulièrement féroce parvenait à s'en échapper et à passer sa rage sur les villages.

Comme d'habitude à cette heure où la nuit, avec appréhension, se prépare à engloutir le château, la Reine Mathilde mettait la dernière main à sa toilette. Vêtue d'un déshabillé noir vaporeux, elle se couvrait le visage de crème à démaquiller. Ses formes lourdes gonflaient le léger vêtement qui tombait ainsi verticalement, du pourtour de ses rotondités, jusqu'au plancher qu'il effleurait en un large cercle. Un col de duvet de corbeau tentait, tant bien que mal, de dissimuler son double menton. Le miroir renvoyait à Mathilde l'image d'un globule de crème blanche percé, là, de deux yeux à l'éclat d'acier, ici, d'un rictus vengeur, et de doigts bouffis massant des chairs adipeuses. Une goutte de crème, parfois, allait se perdre dans la profonde vallée de la royale poitrine. Au fur et à mesure que l'opération avançait, la crème se colorait de filets de couleurs variées témoins de l'immense œuvre de restauration que s'imposait la Reine chaque matin. Quand le cosmétique eût finalement pris cette couleur brun sale qui indique que chaque parcelle de maquillage a été décollée, que chaque ride a été vidée de son colmatage, Mathilde s'essuya et contempla son visage maintenant rendu à l'état naturel.

Légèrement boursouflé et soigneusement couperosé, il n'avait guère l'apparence d'un visage royal. Seuls ses yeux à l'éclat d'acier…

Alors, comme chaque soir, Mathilde piqua sa crise. À quoi bon être Reine ? À quoi bon posséder un tel château ? À quoi bon habiter dans de tels lieux si c'était pour se faire renvoyer, par un miroir peu enclin à l'étiquette, l'image d'une mégère grasse et ventrue qui aurait mieux sa place dans une cuisine d'auberge que dans un palais… Elle recula de quelques pas pour agrandir son reflet et écarta son déshabillé qui glissa sur ses épaules et coula sur le plancher dans un chuchotement. Cela ne fit rien pour calmer sa colère. Ses seins pesants, dont la pointe était atteinte de strabisme, s'affaissaient lourdement sur son ventre qui, après un rebond, venait couvrir la maigre fourrure de son aine. Le teint blafard de sa peau zébrée de veinules contrastait certes avec les reflets métalliques de son regard, mais occupait tout de même la plus grande partie d'elle-même.

« Rien de royal là-dedans, s'écria-t-elle, qui est-ce qui m'a foutu un miroir pareil ? »

Et comme elle avait lu ses classiques, elle continua :

« Miroir, mon beau miroir, qui est la plus belle de toutes ? » ce à quoi le miroir se garda bien de répondre. Elle se mit alors à hurler des invectives à qui voulait bien l'entendre, allant et venant autour de son lit à colonnes en tapant des pieds ; ce qui faisait frémir ses fesses gélatineuses. Elle accusait la terre entière mais surtout son miroir qui n'avait pas assez de noblesse de caractère pour commettre le petit mensonge bénin qui rendrait la vie de sa propriétaire enfin supportable. Elle brisa quelques objets sans valeur et arracha quelques poils à son couvre-pieds de vison. Elle se prit deux fois les pieds dans son déshabillé et se brûla la cuisse à la flamme d'une bougie qui était tombée de son support, sur la table de nuit, et brûlait ainsi, à l'horizontale, répandant des flots de cire dans une pantoufle de vair. Elle implora les quelques saints qui avaient déjà été canonisés, leva les bras au ciel, pensa qu'elle pourrait injecter du poison dans une pomme et la refiler à quelqu'un, mais revint bien vite de cette idée car elle ne voyait jamais personne. Elle désira une baguette magique, imagina un nouveau régime, songea un instant qu'elle n'avait pas encore payé sa facture d'électricité et, dans un dernier élan de détresse, avança, sur ses genoux, les bras tendus dans une prière désespérée, vers son miroir qui, s'il avait pu, aurait nettement préféré être au bar du coin avec ses copains.

« Miroir, mon beau miroir, gémit-elle, des larmes oxydant son regard d'acier, qui est la plus belle de toutes ? »

C'est à ce moment qu'on put assister à une scène qui eût certainement influencé le cours du mouvement romantique néo-surréaliste, eussent des témoins été présents. Dans un élan d'ultime adoration, Mathilde se colla à son miroir, l'enveloppa de ses bras flasques, colla ses lèvres charnues et encore un peu grasses de crème à démaquiller sur sa surface étonnée et, dans un grand éclair de lumière bleue, elle se transforma en panier de pommes. Le miroir, malgré les traces de graisse qui ternissaient quelque peu sa surface, poussa un soupir de soulagement et, jugeant que trop réfléchir ne l'avait mené à rien, décida de prendre sa retraite anticipée et de finir ses jours comme bouteille.

C'est cette scène qu'a immortalisée Paul Cézanne dans une œuvre touchante intitulée « nature morte au panier de pommes » dans laquelle on peut voir les fruits échappés du panier se recueillir autour de la bouteille verte, symbole d'espoir. Une assiette de biscuits, oubliée sans doute par la Reine, est le témoin éternel du lien indissoluble qui unissait la verticalité apocryphe de la transcendance du miroir à la rotondité majuscule du fruit originel.

DEUXIÈME PARTIE

Blottie dans la frondaison, la petite maison à colombage et à toit de chaume n'était visible qu'à ceux qui avaient le cœur pur. Les chênes centenaires disputaient aux érables centenaires et aux tilleuls centenaires le droit de la protéger du mal. Au pied de ses murs, jonquilles et violettes, tulipes et crocus, dans un grand sourire de couleurs, ouvraient aux tintements du soleil leurs pétales de joie. Car ici, c'était toujours le printemps. Ici et là, au travers des feuilles, le ciel laissait tomber des saphirs qui venaient danser avec la rosée, au son de la douce mélodie que la brise espiègle, se balançant aux branches, chantait, accompagnée du pépiement des oiseaux. Les animaux, étourdis par la délicatesse du spectacle, en oubliaient un instant de se nourrir et se gorgeaient de bonheur pour le reste de la journée. La porte de la petite maison, accueillante, était toujours ouverte. La demeure, confortable et gaie, consistait en une grande pièce qui servait évidemment de salle à manger et l'on devinait, aux deux portes qui s'ouvraient de part et d'autre de l'âtre, deux chambres. Le mobilier rustique était petit et l'on eût pu croire qu'il était destiné à des enfants, n'eût-on su que c'était là la maison des sept nains.

Dans le calme serein de ce lieu idyllique, fredonnant avec la nature, Blanche-Neige lavait les vitres.

Jolie comme un cœur, elle ne déparait nullement dans le tableau : les traits fins, la peau laiteuse, le corps menu, les cheveux noirs consciencieusement laqués, elle y mettait la dernière touche de grâce. Mais elle n'avait aucune idée de ce qu'elle faisait là, un chiffon à la main, nettoyant les vitres. Elle se rappelait seulement qu'elle était en train de lire l'histoire de Boucle d'Or quand elle s'était endormie, puis s'était réveillée dans la forêt qui illustrait la page 3 du livre. Elle avait marché longtemps avant de découvrir, au détour d'un sentier, la maison des trois ours, exactement telle qu'on l'avait représentée à la page 6. Comme la porte était ouverte et qu'elle connaissait bien l'histoire, elle avait pénétré dans la maison, se disant que déguster un petit bol de céréales, confortablement assise sur une petite chaise lui ferait le plus grand bien et qu'un petit somme sur un petit lit la remettrait sûrement de ses émotions. Elle fut bien en peine quand elle découvrit qu'il y avait sept chaises autour de la table et une pile haute comme ça de vaisselle dans l'évier, et pas la moindre trace de mouche ou de vermisseau à se mettre sous la dent. Blanche-Neige ayant marché toute la journée se trouva fort dépourvue mais, le féminisme n'ayant pas encore été inventé, elle ne vit pas d'objection à se mettre à faire le ménage.

Il y avait six semaines qu'elle était ici. La brise câline chantait toujours dans les feuilles, les oiseaux gazouillaient toujours dans les arbres, le ciel lançait maintenant quelques aigues-marines pour faire varié, il y avait toujours quelque faon ou quelque écureuil, l'œil embué de bonheur, pour jouir du spectacle, et il y avait toujours quelque chose à faire dans la sacrée maison et Blanche-Neige commençait à en avoir assez. Elle commençait aussi à en avoir assez des sept cochons qui, quand ils rentraient du boulot, tout crottés et suants, ne pensaient qu'à manger et à lui pincer les fesses. Six semaines de ce traitement et elle avait encore le torchon à la main !...

Elle s'assit un moment sur le pas de la porte pour respirer. Le lavage des vitres, aujourd'hui, était plus pénible que d'ordinaire car l'un des nains, la veille, avait décidé de passer un moment derrière la fenêtre à regarder la nature et avait éternué une quinzaine de fois avant de penser à en ouvrir les battants. Une vieille dame en profita pour passer par là et offrit une belle pomme rouge à Blanche-Neige qui l'attaqua à belles dents, ce qui lui fit penser, Dieu sait pourquoi, qu'elle n'avait pas encore fait la vaisselle.

« Et puis zut ! S'écria-t-elle alors, j'en ai assez fait pour aujourd'hui, ils mangeront dans de la vaisselle sale ce soir. Na ! Moi je vais me piquer un petit roupillon ! »

Et elle s'en fut vers la petite serre dans laquelle poussaient quelques tomates vermeilles. Là, dans la chaleur parfumée, sur un lit de mousse soyeuse, caressée par les rayons du soleil, elle s'endormit.

TROISIÈME PARTIE

Monté sur son vaillant destrier, le fils du roi s'en allait chassant. Il avait déjà tué trois canards blancs et se sentait bien méchant. Lui vint alors à l'esprit l'idée qu'il pourrait faire quelque chose d'intelligent comme tuer un dragon ou secourir une pure demoiselle et, ayant écarté l'attaque du dragon comme étant par trop dangereuse en ce bel après-midi de printemps, piqua des deux et se mit en quête d'une jeune fille.

Il chevaucha ainsi pendant dix jours et dix nuits et, par pure coïncidence, découvrit la petite maison blottie dans la verdure. Il sauta de son cheval qu'il attacha aux bois d'un cerf qui, souffrant d'insomnie, s'était installé devant la maison pour compter les myosotis et appela :

« You hou ! Y'a quelqu'un ? » Dit-il de sa voix douce comme une fesse de bébé. Le silence lui répondit.

Il pénétra alors dans la maison et se prit les pieds dans la grande chaise qui se trouvait près de la table devant un gros bol de céréales fumantes.

« Tiens, se dit-il, y a sûrement quelqu'un pas loin ! » mais comme il avait très faim, il siffla le gros bol de céréales, le moyen bol de céréales qui se trouvait de l'autre côté de la table et le petit bol de céréales qui refroidissait au coin de la table. C'est lorsqu'il s'apprêtait à s'allonger dans le moyen lit, après s'être extirpé du petit dans lequel il s'était coincé, qu'il commença à sentir que quelque chose clochait.

« J'ai pas mon conte » se dit-il ne sachant encore s'il disait cela parce qu'il avait encore faim ou parce qu'il s'était trompé de quelque chose…

« Bon sang, mais c'est bien sûr ! » se réjouit-il soudain, ayant enfin retrouvé le fil de son histoire. D'une démarche princière, il se dirigea vers la serre dans laquelle poussaient quelques tomates vermeilles et là, dans la chaleur parfumée, ému comme un enfant qui vient de naître, il découvrit, douce et radieuse, Boucle d'Or qui faisait des pâtés de sable avec bébé ours.

ÉPILOGUE

Déçu, déconfit, le Prince Charmant, la queue entre les jambes, sauta sur son cheval – ce qui lui fit très mal – et, chantant une mélopée qui parlait d'amour et de douleur, jura, mais un peu tard, qu'on ne l'y reprendrait plus.

Chaperon voit rouge

C'était un dimanche resplendissant. Dans la forêt, tout jouait avec le soleil, et l'air, tout plein de refrains printaniers, dansait avec les jeunes feuilles. Les oiseaux s'égosillaient à raconter leur récente migration à qui voulait bien les entendre. L'humus fleurait bon la vie et les ruisseaux se cherchaient, tout au long des pentes, pour porter jusqu'à la rivière la fraîcheur des collines.

> *Si tu en as assez de toutes ces description un peu mièvres, n'y porte pas attention, glisse dessus, tu connais les contes aussi bien que moi, faut faire avec !*

Une cloche tinta, au loin, rappelant au Petit Chaperon Rouge que c'était le jour de sa visite à sa Mère-grand. Elle s'étira dans son petit lit, se roula une dernière fois dans la chaleur de sa bonne nuit et, dans un grand battement d'ailes, rejeta ses couvertures. C'est la senteur du muguet qui l'accueillit. Elle s'assit toute contente, ses petits pieds pendant au bord du lit, s'étira une dernière fois, offrit au matin un petit rire de cristal, enfila ses bottes de caoutchouc et, sautillant d'un pied sur l'autre arriva dans la cuisine où fumait déjà le café. Son père, qui s'affairait depuis un moment déjà aux affaires du ménage lui lança un vague sourire, lui dit de se grouiller de prendre son petit-déjeuner, qu'il se faisait tard, que sa grand- mère allait encore râler si elle arrivait en retard et il continua de plus belle à récurer le bac à confitures.

Madame Rouge était partie, voilà trois ans maintenant, laissant son mari et Chaperon seuls. Elle avait aperçu, un jour qu'elle ramassait du tilleul pour l'hiver, un crapaud qui la regardait attentivement. Elle s'était arrêtée un instant pour étudier le batracien qui s'était mis à lui lancer des clins d'œil ravageurs. Se rappelant les lectures de sa jeunesse, elle avait pris le globuleux animal et, avec douceur, l'avait embrassé. Il ne s'était strictement rien passé, sinon que Simone – c'était le prénom de Mme Rouge – avait eu un goût violemment amer à la bouche pour le reste de la journée et qu'elle avait réalisé qu'elle en avait assez de son gros rustre de mari qui ne pensait qu'à la gaudriole, qui ne rechignait pas à lui flanquer des baffes et qui sentait toujours la vinasse. En ce qui concernait Chaperon, elle s'était dit qu'elle était assez grande, avec ses neuf ans et son esprit vif, pour se sortir des doigts sales de son père. Elle était donc retournée chez sa mère.

Chaperon se beurra une tranche de pain qu'elle dégusta, la trempant dans son café et la grignotant à petites bouchées gourmandes. Le dimanche – elle avait réussi à obtenir cette trêve de son père, moyennant quelque « gros câlins » un brin appuyés – elle pouvait se permettre un peu de repos ; la semaine, c'est elle qui faisait tout à la maison ; le balayage, les animaux dans la grange, le lavage, la soupe, le pain, le jardin, tout. Mais le dimanche était à elle ; enfin presque puisqu'elle devait rendre visite à sa Mère-grand paternelle à qui elle apportait, depuis plusieurs années déjà, le même petit panier rempli de bonnes choses. Un petit pot de beurre, quelques fruits, un pain, quelques sucreries et parfois une savonnette ou un tube de dentifrice. Ce dimanche, elle lui avait même préparé une belle tarte aux fraises qu'elle eut d'ailleurs bien du mal à insérer dans le petit panier qui n'avait pas été fait pour.

Elle retourna dans sa chambre, alors que son père sortait en grommelant pour aller nourrir la vache et les deux chèvres, et se fit belle. Elle enfila un petit corsage de coton blanc brodé et sa jupe de serge de Nîmes grise qui laissait voir ses mollets roses. Elle troqua ses bottes de caoutchouc pour ses sabots sur lesquels l'artisan zélé avait sculpté un petit bouquet de marguerites. Elle attrapa, sur le pied de son lit, son capuchon bleu marine, auquel elle aurait préféré le rouge qu'elle portait quand elle était petite, et, l'ayant passé, rentra dans la cuisine en fredonnant, glissa le panier sur son bras et sortit. Le soleil, jouant à travers les branches, lui tendit la main.

Il faisait vraiment bon, ce dimanche, dans la douceur du printemps tout frais. Guidée par quelque instinct, Chaperon lambinait. Elle s'arrêtait, ici pour contempler une jonquille, là pour admirer un papillon butinant, là encore appréciant la vigueur d'une morille. Puis, elle reprenait le chemin en sautillant comme une fillette sans souci, s'arrêtait de nouveau pour effeuiller une marguerite (*dans ce temps-là, les morilles s'accommodaient fort courtoisement de la présence des marguerites*) ou pour attendre que la coccinelle qu'elle avait cueillie s'envole, exauçant le vœu qu'elle ne manquait jamais de faire. Elle parlait aux arbres, chantait un refrain aux fougères qui s'en déroulaient d'aise. Répondaient aux mésanges qui lui envoyaient le bonjour.

Ce besoin de traînailler l'agaçait plutôt qu'autre chose ; elle sentait qu'elle aurait mieux fait de se dépêcher et de se débarrasser de la corvée, mais quelque chose la poussait à agir ainsi. Elle trouvait aussi que c'était plutôt nouille à son âge – elle avait maintenant douze ans – de batifoler comme cela. De quoi aurait-elle l'air, gna gna gnère, si une de ses copines la surprenait se conduisant ainsi comme un bébé ? Elle trouvait qu'elle avait déjà assez d'ennuis comme ça avec son nom, sans encore ajouter son comportement débile.

Il n'est guère aisé, en effet, de vivre en société avec un prénom comme « Chaperon » se répétait-elle souvent. Et quelle sonorité subtile : chaPRON ! Comme quelqu'un qui se mouche. Chaperonne, encore, aurait été un moindre mal ; même s'il est lourd comme une percheronne, le mot a au moins quelque chose de féminin… Mais non, non content de devoir lui donner un nom comme Rouge, il avait fallu qu'on l'affuble du prénom de Chaperon. Ça avait probablement été une idée de son père alors qu'il était imbibé. C'était tellement aberrant, un nom pareil, qu'on ne parlait plus d'elle comme LE petit Chaperon Rouge. Heureusement qu'elle avait été assez fine pour ne pas jouer au garçon manqué…

« Qu'y peux-je ? » conclut-elle dans un sourire « en attendant, faut que j'aille chez ma grand-mère… » et elle se remit à discuter avec les écureuils.

Passé la grande clairière, elle se sentit un instant préoccupée, comme si quelque chose aurait dû se produire : prémonition, malaise, elle ne savait, mais, pendant quelques minutes, elle cessa de jouer et fit un bon bout de chemin sans s'arrêter. Sa bonne humeur, pourtant, eut raison de ce court moment d'inquiétude et, chantant de plus belle, elle se remit à sautiller.

Elle arriva aux abords de la maison des Trois Ours dont, pour quelque bizarre raison, Blanche-Neige était en train de récurer le seuil, alors que, dans la serre voisine, Boucle d'Or jouait avec un grand gars barbu aux cheveux si noirs qu'ils lançaient de grands éclairs bleus sur les vitres. Un chevreuil était couché tout près d'un massif de fleurs, semblant compter des myosotis. Un gros chat roux miaulait; il avait poursuivi une souris jusque dans une botte de sept lieues qui se trouvait là et n'arrivait plus à en sortir. À quelques pas de là, elle rencontra un vaillant chevalier chevauchant hardiment. Il portait, en croupe, un corbeau tenant une belle pomme verte dans son bec. Chaperon se dit que le tourisme commençait à devenir quelque peu infernal dans la région et qu'il commençait à être passablement difficile de s'offrir une petite promenade dominicale sans rencontrer les trois quarts du monde. Il faut avouer que les papiers gras et les bouteilles de Coca-Cola jonchaient de façon fort disgracieuse le riche humus de la forêt que c'en était une honte et que dans le temps les gens n'étaient pas aussi sales… Elle espéra soudain que cela n'effraierait pas le Grand Méchant Loup car, lui semblait-il, il serait dommage que l'habitat d'un animal aussi important fût saccagé par une société en mal de consommation. Elle savait bien qu'on racontait des monstruosités sur le noble mammifère mais elle sentait aussi qu'il y avait assez d'espèces en voie de disparition, sans encore en gonfler la liste. Pourtant, si elle se trouvait nez à nez avec… On lui avait dit combien il avait de grandes oreilles, une grande langue, un grand nez, une grande... Elle eut l'esquisse d'un frisson mais songea aussitôt qu'elle n'était pas née de la dernière pluie et que ce n'était pas un grand méchant loup qui allait lui gâter son dimanche. Et elle se laissa séduire pas un buisson d'églantier (qui, comme chacun le sait, ne fleurit pas au printemps ; mais, qu'à cela ne tienne, Chaperon ne le savait pas).

Après moult détours, maintes pauses, elle arriva enfin à la maison de sa Mère-grand ce qui lui rappela qu'elle avait encore oublié de chercher dans le dictionnaire ce que pouvaient bien vouloir dire les mots « chevillette » et « bobinetcherra » que son aïeule lui lançait de l'intérieur chaque fois qu'elle frappait à la porte ; ce serait pour la prochaine fois. Les légères volutes de fumée qu'exhalait la cheminée allaient s'entortiller dans les branches des arbres qui embrassaient la maisonnette couvée par un épais toit de chaume. Tout était tranquille, n'étaient deux suisses qui se disputaient une noisette sous l'œil réprobateur d'un hibou rhumatisant.

Alors, comme à chacune de ses visites, elle heurta l'huis, et, tandis que sa grand-mère lui envoyait sa ritournelle d'une voix fêlée, elle tira une petite poignée de bois, un déclic se fit entendre de l'autre côté de la porte qui libéra quelque chose et la porte s'ouvrit sous une légère poussée. Elle entra dans la cuisine où régnait un désordre considérable, posa son petit panier de bonnes choses sur un coin de table libéré à contrecœur par un gros chat gris et, après avoir toussoté, pénétra dans la chambre de la vieille dame. Vêtue d'un seul déshabillé transparent rouge accentuant sa décrépitude, Mère-grand, debout devant son miroir, s'extirpait un comédon en marmonnant quelque chose qui se terminait par « la plus belle ». Le miroir, narquois, renvoyait à qui voulait bien la voir l'image d'une vieille figue desséchée dressée sur deux cure-dents chétifs et dont le regard s'apparentait plus à la soupe aux choux qu'à un azur profond. Bonne à tous les égards, la brave dame n'en montrait pas moins les ravages dont les ans étaient la cause et qui avaient plus particulièrement affecté son raisonnement.

Chaperon se sentit mal à l'aise ; quelque chose clochait. Ce n'était certes ni le déshabillé, ni la séance devant le miroir, ni même le gros baiser carminé qu'elle avait reçu ; elle en avait l'habitude, c'était ainsi tous les dimanches depuis un bon bout de temps déjà. Non, il manquait quelque chose… C'est quand elle eut rejoint sa grand-mère qui s'était étendue sur son lit et alors qu'elle s'apprêtait à lui faire la conversation qu'elle s'aperçut qu'elle n'avait rien à lui dire ; sa grand-mère n'avait pas de grandes oreilles, pas de grande bouche, pas de grands yeux, pas de grands… rien ! Rien de ce qu'il lui semblait normal de dire ne s'appliquait à la situation. Elle était assise sur un matelas déplumé, près d'une grand-mère en presque parfait état de marche et qui, jouissant d'un moment de lucidité, l'entretenait maintenant de choses sensées.

Tout devint alors clair dans la tête de Chaperon. Le loup, car c'était bien lui, c'était lui qui la narguait ainsi depuis des années. Oh, qu'il était donc malin de jouer de la sorte avec l'esprit d'une petite fille si gentille. Jamais elle ne l'avait vu et pourtant il était toujours présent dans sa vie. Oh, l'ignoble bestiole… « À nous deux, mon bonhomme ! » clama la fillette qui, ayant rassuré sa grand-mère et lui ayant conseillé de faire un petit somme en attendant qu'elle revienne, fit choir la bobinette, poussa la chevillette et s'en fut se promener dans le bois.

Chaperon sautillait d'un pied sur l'autre en fredonnant. Elle avait l'air tellement mignonne, tellement délicieuse, tellement fraîche, tellement appétissante qu'un loup normalement constitué ne pouvait pas résister. Elle s'était penchée pour ramasser des fraises des bois quand, derrière elle, il surgit. « Mmmgrrmm » se dit-il en connaisseur et, de sa voix la moins rauque il continua : « bonjour, mademoiselle, vous habitez chez vos parents ? » En un mouvement, Chaperon se releva, se retourna, sortit de sous sa jupe la carabine semi-automatique à canon scié qu'elle prenait toujours avec elle au cas où, et, omettant de répondre à la question pourtant fort civile du loup, lui envoya cinq cartouches de chevrotines dans le ventre. Il mourut.

Au fond, se dit la fillette, c'est plus propre comme ça, il n'y aura pas à l'ouvrir pour sortir la vieille. Et elle retourna voir sa grand-mère.

Enrubannée dans son boa de plumes violettes, hurlant des incantations, Mère-grand était en train de saucer, dans un mélange de Coca-Cola, de crottes de lapin ramassées à la pleine lune et de soupe aux choux, une belle pomme rouge qu'elle disait destinée à Barbe-bleue. Sachant que dans ces cas-là il n'y avait plus rien à tirer de son aïeule, Chaperon ramassa son panier et reprit le chemin de la maison en se promettant de convaincre son père de faire soigner la vieille dame.

C'est depuis ce jour-là que les Grands Méchants Loups ne mangent plus ni les grand-mères, ni les petits Chaperons Rouges.

Irma et Cunégonde

Cendrillon était une adorable jeune fille. Plutôt petite elle était pourtant admirablement proportionnée et, toujours active, elle faisant danser avec elle des formes qui en eussent fait rêver plus d'un, n'eût-elle été aussi fort discrète. Ses petits yeux noirs pétillaient d'une joie de vivre inextinguible et tout était pour elle prétexte à émerveillement. Elle fredonnait à la journée longue, s'entretenait en riant avec les oiseaux, valsait avec son balai, parlait avec les étoiles comme le commun des mortels eut parlé avec de vieux amis. Elle aimait les choses simples, les plaisirs simples et n'eût jamais douté que la vie valût la peine d'être vécue. Ses amours aussi étaient simples ; Philippe, le jeune berger, lui avait tout d'abord plu par la grâce de ses mouvements, puis par sa franchise et sa gentillesse lorsqu'ils eurent eu l'occasion de se connaître quelque peu, puis... mais restons-en là. Ils se voyaient chaque dimanche après-midi quand tous deux pouvaient s'échapper des tâches qu'on leur imposait et, main dans la main, ils faisaient de longues promenades le long des sentiers bordés de chèvrefeuilles. Ils parlaient peu, sinon pour évoquer un avenir commun plein de douceur, se contentant du plaisir d'être ensemble. Les villageois les connaissaient bien et s'émerveillaient toujours à la vue du bonheur qui rayonnait de ces deux enfants.

La vie de Cendrillon, pourtant, ne prêtait pas à un tel ravissement. Fruit d'une faute que son père avait tenté de racheter, elle était la cible idéale pour les récriminations de chacun. De son père, d'abord, qui, même s'il avait posé un geste noble en l'adoptant, voyait malgré tout en elle la cause des regards narquois qui l'accueillaient au bourg. De sa belle-mère, ensuite, qui était quotidiennement confrontée à l'infidélité de son mari et qui ne manquait pas une occasion de lui montrer sa haine. De ses deux belles-sœurs enfin, Irma et Cunégonde, qui, s'apparentant plus à l'esthétique chevaline qu'à la grâce féminine, débordaient de jalousie face à l'harmonie du corps de Cendrillon. Malgré les progrès de la science cosmétique et le temps que leur donnait leur oisiveté, les deux matrones ne parvenaient pas à donner le change et, quand ce n'était point Cendrillon, c'était le miroir du foyer qui faisait les frais de leur animosité car, constamment, les deux filles faisaient des grâces devant lui en lui demandant qui était la plus belle. L'imbécile objet trouvait toujours moyen de se mettre dans une position qui leur renvoyait l'image de Cendrillon qui, même dans ses haillons, rayonnait de beauté. A plusieurs reprises il avait fallu mander le miroitier…

Ce n'était donc, autour d'elle, que récrimination, réprimandes, reproches ; on la traitait comme une servante et l'on s'assurait, les sœurs surtout, que les ordres tombaient avec malveillance. On s'évertuait à lui donner les travaux les plus immondes possibles, espérant que le contact répété avec la souillure ternirait sa beauté. On s'arrangeait toujours pour contrecarrer ses plans et c'était une intervention inespérée de son père, à un moment où il était en veine de mansuétude, qui lui avait permis d'avoir son dimanche après-midi pour elle toute seule. Les sœurs maugréaient en la voyant partir, joliment vêtue de sa longue robe de serge bleue, et ne manquaient pas de lui faire des remarques qu'elles voulaient les plus désobligeantes, les plus blessantes. Le gentil sourire qu'elle leur renvoyait faisait redoubler leur haine et elles se promettaient que la prochaine fois, elles seraient encore plus féroces, elles imaginaient des humiliations encore plus profondes pour chaque jour de la semaine à venir. Quand elle revenait, radieuse, de sa promenade avec son bien-aimé, sa famille l'assommait de besogne, mais elle n'en avait cure, elle savait que rien ne viendrait jamais à bout de son bon caractère. Elle reprenait le balai, la brosse, allait chercher de l'eau, lavait les pieds d'Irma, récurait la cave, lessivait les vêtements que sa belle-mère avait « par inadvertance » traînés dans la suie, récurait l'évier pour la troisième fois aujourd'hui, sans cesser une seconde de chanter. Parfois, ses sœurs ayant épuisé toutes leurs ressources de méchanceté, Cendrillon se retrouvait seule avec son ouvrage et, un peu plus libre de penser, elle s'envolait vers Philippe. Certes, ces moments étaient forts courts et elle devait bien vite revenir à la dure réalité de sa besogne, mais elle en jouissait tout de même vivement et trouvait que le jeu valait bien la chandelle.

Le manoir qu'habitait la famille était de style arriviste flamboyant. Il en imposait, dans la région, par les multiples tours qui s'en élevaient et qui, si elles étaient parfaitement laides et inutiles, n'en étaient pas moins la preuve de la fortune de ses propriétaires. Cette ostentation dans l'apparence ne manquerait pas d'inviter les beaux partis qui, distraits par la richesse de la demeure oublieraient peut-être la rudesse moustachue des promises. Cendrillon se moquait bien de ces prétendants et il n'était d'ailleurs pas question qu'ils lui fussent présentés. Elle était la servante et, bien que son père ait eu quelque rôle dans sa naissance, il refusait d'admettre qu'elle fût sa fille et qu'elle eût droit à la moindre considération. Néanmoins, quand l'un d'eux se présentait, on s'assurait que la jeune fille était occupée dans quelque recoin éloigné du château, de façon que sa beauté, qu'il fallait tout de même bien admettre, ne vînt pas troubler de plus nobles négociations.

Cendrillon continuait de chanter. Un jour elle l'aurait son prince !

*

L'animation était grande au château du Prince. Le soir du grand bal annuel approchait et les préparatifs allaient grand train. On avait fait mander les plus grands cuisiniers, les bardes les plus célèbres, les décorateurs les plus en renom, les serviteurs les plus stylés. C'est que l'événement, cette fois, revêtait la plus grande importance. À minuit, le prince choisirait, parmi les prétendantes qui ne manqueraient pas de venir en grand nombre, celle avec qui il allait s'unir et avec qui il allait vivre heureux et avoir beaucoup d'enfants. Ce bal devait donc dépasser en grandeur et en démesure tout ce qui s'était vu jusqu'à présent. Et il fallait que l'ambiance étonne et grise car le prince, hormis son titre et sa fortune, n'avait rien qui pût affoler les jeunes filles. Gringalet et boutonneux, il promenait sur son entourage un regard torve qui effrayait plutôt qu'il émouvait. Ses longues mains moites se balançaient mollement au bout de ses longs bras et sa démarche n'était pas sans rappeler ses origines simiesques. Il avait de plus, pour l'habillement, un art très particulier du mauvais goût. Il mélangeait styles et couleurs au gré de sa fantaisie daltonienne, trop imbu de sa grandeur pour s'abaisser à porter des vêtements appropriés à sa petite taille. C'était donc l'éclat qui devait agir ce soir et l'on ne lésinait pas sur l'effort pour que la fête fut grandiose. Le menu, à lui seul, allait sûrement tourner les têtes :

Deux potages

Potage printanier de santé

Bisque d'écrevisse

Quatre grosses pièces

Faon de daim à la broche

Turbot, sauce aux huîtres

Carpe à la Régence

Casserole au riz à la Saint-Hubert

Seize entrées

Filets glacés aux laitues

Sautés de filets de perdreaux aux truffes

Grenadin de filets de lapereaux à la Toulouse

Côtelettes de chevreuil à la Soubise

Filets de côtes à la Villeroy, sauce vénitienne

Quenelles de volailles au consommé réduit

Hâtelets à la belle-vue à la gelée

Escalopes de levrauts au sang

Poulardes à l'estragon

Cromeskis au velouté

Blanquette de filets de poularde à la Conti

Perches à la Waterfish

Poulets à la Reine à la Chivry

Petits pâtés à la béchamel

Filets d'agneau aux pointes d'asperges

Purée de gibier à la polonaise

Quatre grosses pièces

Buisson d'écrevisses

Sultane à la Chantilly

Soufflé au fromage

Jambon de sanglier glacé

Trois plats de rôts

Faisans de Bohême

Perdreaux rouges

Bécasses du Morvan

Seize entremets

Asperges en branches

Choux-fleurs au parmesan

Champignons à la Provençale

Truffes au vin de Champagne

Laitues à l'essence

Epinards au consommé

Salade à la piémontaise

Concombres au consommé

Gelée d'Oranges

Crème à l'anglaise

Pannequets aux citrons confits

Œufs pochés au jus

Gâteaux soufflés

Macaroni à l'Italienne

Pommes au beurre de Vanvres

Gaufres à la flamande

Deux plombières extra

Dessert

Huit corbeilles, quatre corbillons

Menu servi aux Tuileries le 6 janvier 1820

D'importants chars à bœufs stationnaient en permanence devant l'entrée des livraisons, débordant de venaison, de poisson, de viande des fermes avoisinantes, de légumes, de fruits exotiques. Il s'en trouva même un qui, du dire de son propriétaire, transportait les enceintes acoustiques dont allaient se servir quatre bardes venus tout exprès d'Angleterre. Personne ne savait ce que cela pouvait bien être, mais le mystère même relevait encore l'intérêt que la population portait déjà à l'affaire.

*

On ne s'affairait pas moins dans le manoir. Comme toutes les familles un tant soit peu importantes de la région et d'ailleurs, les Lachild-Rothsfitte – la famille de Cendrillon – auraient vu d'un bon œil que l'attention du Prince se portât sur l'une de leurs deux filles. Si leurs rentes étaient certes suffisantes pour impressionner un Prince, il n'en était pas de même des attraits des jeunes personnes et toute la manoirée s'agitait fébrilement autour des demoiselles, depuis très tôt le matin du grand jour, pour tenter d'en faire sortir quelque chose de présentable. On avait fait faire des multitudes de corsets et autres gaines dans l'espoir d'endiguer leurs débordements adipeux ; bandes et bandelettes allaient raffermir leurs flasques épanchements ; plâtres et pommades allaient donner semblant de vie à leurs chairs ternes ; dentelles et broderies allaient, ça et là, jeter une note de légèreté gracieuse sur leur élégance percheronne. Lorsque la porte s'ouvrait, au hasard d'une quête, les sons qui s'échappaient de la grande salle où l'on apprêtait les demoiselles rappelaient plus la salle de torture que le sérail et il faut bien admettre que tout le monde avait bien du mal à parer les prétendantes. Cendrillon, son éternel sourire aux lèvres aidait de toute la force de sa bonté et recevait, en échange, toute la bile que de violents serrements faisaient jaillir de ses deux belles-sœurs. Elle refaisait un ourlet, déposait un nuage de poudre de riz, posait son doigt sur un nœud réticent, carminait un orteil, ajustait la couture d'un bas, engrangeait un sein dans sa coupe, limait un ongle, flattait un bourrelet, faisait cliqueter une crinoline, peignait une paupière, le tout avec le plus grand plaisir. Si Cunégonde et Irma voulaient d'un prince, c'était leur affaire. Ce serait même une bonne affaire si cela forçait l'une d'elle à partir... Elle pensait seulement qu'on lui avait donné congé pour ce soir et qu'elle pourrait aller voir son Philippe qui l'attendrait à l'orée du bois. Elle était tout émue à l'idée que, peut-être, à la faveur de l'obscurité, dans la douce moiteur de la forêt...

« Fais attention à ce que tu fais, idiote ! » lui cracha au visage le tombereau en robe rose à qui elle tentait d'enfiler un soulier. Elle sourit en s'excusant et continua sa besogne alors que la voix de son aimé murmurait à son oreille.

Il fallut aider les deux belles-sœurs à s'installer dans le carrosse tant elles étaient serrées et incapables de se plier et c'est à la toute dernière minute que l'équipage réussit finalement à se mettre en route.

*

Il était près de six heures et Cendrillon n'eut que le temps d'enfiler une robe de coton beige, de jeter sur ses épaules sa pèlerine de feutre bleu marine, de glisser sur ses pieds menus ses sabots du dimanche. Elle salua respectueusement le miroir du foyer qui lui avait demandé, facétieux, si elle était libre ce soir, et ajouta avec assurance qu'elle était la plus belle et qu'elle épouserait le Prince. Dans un grand rire cristallin qui fit tinter la clochette de la porte, elle s'en fut vers son amour.

C'est à mi-chemin qu'elle se remémora les paroles du miroir et elle ne put s'empêcher de frissonner. Elle ne voulait pas épouser de prince, qui qu'il fut, et elle ne voulait surtout pas épouser celui-ci qui, selon la rumeur, n'était point conforme à l'idée qu'on se fait d'un prince. Il souffrait, selon la rumeur aussi, d'un mal que personne n'avait identifié mais qui pourrait avoir de sérieux inconvénients sur l'équilibre d'un couple. Un petit nuage noir persista dans son esprit durant tout le temps qu'elle se trouva avec Philippe et, bien que ce dernier eût fait tout son possible pour découvrir la paille la plus douce qui soit, dans l'étable la plus confortable qui soit, elle eut quelque réticence à se laisser séduire. Le jeune homme ne lui en tint pas rigueur toutefois, et, satisfaits des simples caresses qu'ils s'étaient prodigués, ils passèrent le reste de la nuit à parler de leur avenir.

*

Pendant ce temps, au château, la fête battait son plein. Dans une féérie de lustres et de chandeliers, les dorures et les miroirs de la salle de bal resplendissaient de tous leurs feux. Les peintures du plafond, représentant damoiseaux et gentes dames savamment dénudés aux prises avec de dodus angelets armés d'arcs et de flèches, avaient repris vie et mêlaient leurs couleurs idylliques à celles, non moins paradisiaques, dont s'étaient parés les invités. Le festin avait été une réussite dont on reparlerait longtemps dans le royaume et, n'était Irma qui, ayant égaré une truffe dans son vaste décolleté, avait causé quelque remous, il s'était déroulé selon la plus stricte des étiquettes. C'est dans une douce torpeur pré-digestive que l'on s'était déplacé vers la grande salle que déjà la musique faisait vibrer. Quelques couples, plus audacieux ou simplement moins repus, virevoltaient sur le plancher de marqueterie autour duquel, dans un crescendo de voix, se formaient d'autres couples. Le Prince s'était allé changer et un slow assassin tenait les jeunesses étroitement enlacées lorsqu'il réapparut. Il fit sensation. Son pourpoint lie de vin, boutonné de travers battait lamentablement sur des culottes kaki qui faisaient des plis aux genoux ; Il avait choisi des bottes de chevreau orange. Un chapeau rouge à longue plume violette couronnait l'ensemble d'une touche discrète de couleur. On s'écarta respectueusement pour qu'il put pénétrer dans la salle où, plongées dans une profonde révérence, toutes les jeunes filles, anxieuses, attendaient qu'il choisît sa première cavalière. Un lourd silence s'était installé qui fut un instant troublé par le crissement incisif d'une couture qui rend l'âme immédiatement suivi par un juron étouffé et quelques rires joyeux. Le prince s'avançait vers de délicieuses épaules festonnées de dentelle quand l'incident se produisit.

Des voix irritées, quoiqu'encore indistinctes, résonnaient de par les couloirs du château, des pas agressifs martelaient les dalles de marbres et ponctuaient les objections maintenant plus nettes qu'un valet en grande tenus présentait à ce que l'on aurait pu prendre pour un postillon. Ce dernier se disait émissaire d'une charmante princesse qui réclamait l'honneur de se faire inviter au bal. Malgré la résistance stylée du valet, l'étrange personnage arriva à la porte du salon, et, les jambes écartées et les mains sur les hanches, il interpela le Prince et le mit au fait de la requête de sa maîtresse.

« ... et elle demande que vous veniez vous-même l'aider à descendre de son carrosse » termina-t-il en claquant les talons. Le Prince n'était pas bégueule, il ne vit aucun inconvénient à ce que la princesse se joigne à la fête et, traînant la savate, suivi par les invités curieux, il alla recevoir l'invitée.

L'équipage qui attendait au bas du grand escalier de marbre ne manquait pas d'un certain cachet et un « oh ! » aspiré se répéta au fur et à mesure que les invités atteignaient les grandes portes vitrées du perron et découvraient l'étrange spectacle. Ce que l'on se doit d'appeler un carrosse était en fait une grosse pomme montée sur quatre roues branlantes et était tiré par quatre rats de la taille de percherons, les yeux exorbités par l'effort qu'ils avaient dû fournir, non seulement pour tirer l'énorme fruit, mais surtout pour ne pas prendre leur longue queue dans les rayons des roues.

Le prince amusé par la chose découpa un rare sourire sur sa face blafarde et alla ouvrir la porte à la survenante.

« Merci Monsieur, tinta la voix la plus gracieuse qui ait jamais été entendue de ce côté du royaume, excusez-moi d'arriver ainsi, mais on n'a plus les marraines qu'on avait ! ». Une main adorable se tendit que le Prince saisit après avoir essuyé la sienne sur son pourpoint. Un bras d'une finesse inouïe suivit, puis un coude à la peau satinée. Une manche bouffante, annonçant une robe d'organdi abricot, s'arrêta à la naissance de l'aisselle pour faire place à une épaule à la courbe parfaite qui se mua, elle-même, en un cou charmant sur lequel un miracle avait posé un visage de rêve. Un « oh ! » d'admiration s'étira longuement sur les marches du perron. Le Prince se redressa, c'était le moins qu'il pût faire devant tant de beauté. L'apparition sortit du carrosse. Portée par le balancement langoureux de sa robe, elle monta les vingt-huit marches de l'escalier de marbre et, écartant par sa simple présence la foule des invités, elle se retrouva dans la salle de bal, dans les bras du Prince qui l'entraînait déjà dans les tourbillons de la valse.

De la soirée, le Prince ne changea plus de partenaire et chacune ravalait son amertume, ayant compris que, quand sonneraient les douze coups de minuit, c'était celle-ci qui serait choisie. Quelques-unes des jeunes filles avaient même déjà repris le chemin de leur domicile.

Il devait être aux environs de onze heures et demie lorsque Madeleine – c'était le nom de la jolie Princesse – se détacha violemment du prince et lui envoya une gifle magistrale. « Ça suffit comme ça mon vieux. Je suis venue ici pour danser, peut-être pour me trouver un mari, mais pas pour me faire peloter toute la soirée par un petit nabot boutonneux ; non mais, regarde-toi un peu, ajouta-t-elle en montrant à l'assistance médusée un pli supplémentaire qui palpitait sous la ceinture de la culotte kaki, beau prince en vérité ! ». Elle fit noblement demi-tour, et réarrangea les plis de sa robe. Elle se dirigeait vers la porte quand le Prince, soudain pris de fébrilité érotique, proféra des sons indistincts et se lança à sa poursuite. Il eut tôt fait de la rattraper mais elle, ne l'entendant pas de cette oreille, le gifla de nouveau. Comme le Prince insistait, elle commença à le frapper de sa pochette de cuir, puis, comme il ne lâchait pas prise, elle se mit à lui lancer des coups de pieds. La foule qui n'en croyait pas ses yeux était bien trop abasourdie pour tenter quoi que ce soit et se contentait d'observer la vertu offusquée en lutte contre ce qui ressemblait de plus en plus à la perversité la plus débridée. Le Prince, en effet, semblait prendre grand plaisir à se faire battre et tout le monde aurait pu témoigner de ce qu'au lieu d'éviter les coups, il s'y exposait plus ouvertement.

« Oh, oui, oh, que j'aime ça, bavait-il, bats-moi encore, salope ! ». Il se roulait maintenant par terre tenant serré dans ses mains le bas de la robe de Madeleine qui, redoublant de furie, multipliait le plaisir du Prince. D'un dernier coup de pied, elle réussit à lui faire lâcher sa robe et perdit du coup son soulier qui rebondit, marche par marche jusqu'au bas de l'escalier. Elle n'en avait que faire, elle courut en boitillant jusqu'à son carrosse, fouetta les rats avant de fermer la portière et disparut juste au moment où sonnait le treizième coup de minuit.

*

« C'est elle. C'est elle que je veux. Vous avez vu comme elle m'a bien battu ? halerait le prince devant ses visiteurs décontenancés, j'avais dit qu'à minuit je choisirais ma future épouse, c'est maintenant chose faite, je ne sais pas son nom, mais qu'à cela ne tienne, elle a abandonné un de ses souliers, qu'on aille me la quérir ! »

Le bal se termina dans une certaine bonne humeur. Peut-être n'avait-on pas trouvé d'époux, mais c'était sûrement mieux ainsi maintenant qu'on savait à quoi se serait exposée la malheureuse qui se serait liée avec ce malade. Seules les sœurs de Cendrillon regrettèrent sincèrement que le Prince ne les eût pas remarquées.

*

Les choses avaient plus ou moins repris leur cours dans le royaume. Irma et Cunégonde redoublaient de cruauté avec Cendrillon qui ne s'en formalisait guère. Les autres jeunes filles s'étaient remises à leurs rêveries romantiques. Et pendant ce temps, deux gardes du Prince, parcouraient la contrée à la recherche de la jeune fille dont le pied s'inscrirait parfaitement dans le soulier qu'ils transportaient, avec mille précautions, dans un coffret doublé de velours. Et pendant ce temps, chacun retenait son souffle, se demandait s'il serait vraiment juste que l'on découvrît la pauvre fille.

L'automne s'annonçait dans son claironnement de couleurs quand les gardes se présentèrent au manoir. Irma et Cunégonde qui, depuis les événements que l'on sait se serreraient les pieds dans des bandelettes espérant ainsi en réduire la taille et, qui sait, ne pas trop déborder du menu soulier, firent mille grâces aux gardes. Ceux-ci, quoiqu'un peu étonnés de l'accueil que leur faisaient ces deux-là, s'en tinrent à la routine qu'ils suivaient maintenant depuis des semaines. Ils ne rirent pas quand Irma tenta de se faire toute petite, ils se tinrent sérieux quand Cunégonde leur annonça qu'elle avait toujours les pieds un peu enflés quand elle avait ses règles, mais qu'autrement le soulier lui irait tout à fait bien.

Ils étaient sur le pas de la porte et s'apprêtaient à se remettre en selle lorsque Cendrillon sortit de l'étable un seau de lait à la main. Le devoir les contraignant à essayer le soulier à toutes les jeunes filles du royaume et les royaumes voisins. Ils forcèrent Cendrillon à se soumettre à l'épreuve.

Ils l'assirent de force sur une chaise de bois qui se trouvait là. Elle hurlait qu'elle n'était pas allée au bal, qu'elle ne pouvait donc pas y avoir laissé le soulier et que de toute façon il n'était pas question qu'elle épouse le prince quand bien même le soulier lui irait parfaitement. Irma et Cunégonde, pour une fois, penchaient plutôt en faveur de Cendrillon ; elles eussent en effet été profondément blessées d'avoir, par quelque geste que ce soit, aidé à un mariage qu'elles réprouvaient vivement. Elles étaient de plus fort émoustillées par la noblesse virile des deux vaillants militaires qui, pour résister à la colère de Cendrillon, devaient faire effets de voix et de muscles. Bien peu de vrais hommes avaient pénétré en ces lieux austères et c'était la première fois qu'elles se trouvaient si près de sueurs masculines. Irma, qu'un des soldats avait effleurée dans un vain effort pour asseoir Cendrillon, avait même senti un frisson de faiblesse parcourir le lard de son échine.

Cendrillon fut finalement assise et, alors qu'un des gardes la tenait solidement immobile, faisant ainsi saillir des mollets qu'il avait agiles, le soulier fut essayé. Le garde-essayeur, accroupi devant la jeune fille, mettait en valeur, dans cette position pourtant peu conforme au maintien militaire, une croupe solide et c'est Cunégonde, cette fois, qui se demanda un instant si elle allait pouvoir se contenir. Le pied menu de Cendrillon pénétra facilement dans le soulier qui, de quelques pointures trop grand, tomba de lui-même sur le carrelage. Les trois jeunes filles poussèrent ensemble un profond soupir de soulagement et, dans le court moment d'hésitation qui flotta alors, d'importantes choses se décidèrent. Les deux belles-sœurs, haletantes, envahies par une vapeur qui leur montait des entrailles, la gorge rouge d'émotion, la poitrine battante d'anticipation se jetèrent ensemble sur les gardes qui n'avaient pas encore eu le temps d'exprimer leur déconvenue face au malencontreux essayage. Il s'ensuivit une mêlée où uniformes et robes, bandes molletières et porte jarretelles, moustaches et aisselles, mamelons et biceps s'entremêlaient dans des râles dont on n'aurait pu dire s'ils relevaient de la discipline ou de l'érotisme. Cendrillon, jouissait du spectacle. Après quelques minutes de ce pugilat, les gardes, subjugués, écrasés sous la masse amoureuse des deux filles, demandèrent grâce.

Le mariage eut lieu à l'automne. Les deux gardes royaux avaient demandé à être mutés plus près de leurs futures et avaient sollicité d'être relevés de leur fonction de chausseurs. Quant à Cendrillon, son père avait accepté qu'elle épouse son berger, à condition qu'elle continue de faire le ménage du manoir. Et c'est ainsi que tout le monde vécut heureux et confectionna beaucoup d'enfants.

Johan

Johan était d'une beauté exquise. De longs cheveux d'or illuminaient son visage à l'ovale parfait. Son regard, d'un azur profond, butinait inlassablement le monde qui l'entourait et déposait, çà et là des frissons de douceur. Soigneux de son corps, il laissait flotter autour de lui un parfum délicieux de fleurs sauvages qui éveillait, dans le cœur des jeunes filles, de tendres émois. Tout en lui était grâce et, lorsqu'il se déplaçait dans le château, on pensait à un frôlement d'aile. Sa voix avait un tel charme que, lorsqu'il la posait, même pour une réprimande à un de ses sujets, celui-ci fondait d'admiration pour son maître. Toutes les jeunes vierges du royaume se morfondaient d'amour pour lui car toutes savaient que leur attente serait vaine. Il était en effet écrit que Johan épouserait une belle princesse qu'il rencontrerait, un jour, dans des circonstances tellement étranges qu'il saurait, dès qu'il l'aurait vue, qu'elle était son élue.

C'est le jour de sa naissance que tout avait été dit. Toutes les fées avaient été invitées et s'étaient entendues pour faire de lui l'enfant le plus beau et le plus heureux qui se soit jamais vu. Chacune avait reçu une tâche particulière : la Fée Lynne s'occuperait de son regard, la Fée Morale de son caractère, la Fée Eric de son corps, la Fée Tuccine de ses appétits, la Fée Mure de ses vieux jours, la Fée Odale de ses biens, la Fée Tiche de sa vie amoureuse. Cette dernière était en train d'annoncer les circonstances dans lesquelles Johan rencontrerait sa future quand l'incident se produisit…

« Johan, mon enfant, gazouillait-elle du haut de son mètre 42, tu épouseras la jeune princesse que tu découvriras… »

C'est alors que la porte de la chambre s'ouvrit dans un craquement sinistre et la Fée Lonie, furieuse qu'on eut oublié de l'inviter, continua la phrase de sa consœur :

« … dans des circonstances que nous ne divulguerons pas maintenant et que tu devras reconnaître par toi-même. Tu en sauras seulement qu'elles seront étranges ». « Et voilà ! » ajouta-t-elle, scellant le sort avant qu'aucune des fées médusées n'ait eu le temps de penser à réagir. Et Lonie, relevant le nez et gratifiant ses collègues d'un rictus dédaigneux, fit demi-tour et sortit de la cambre princière non sans s'être pris les pieds dans sa traîne que son brusque mouvement avait enroulée autour de ses chevilles.

La consternation régnait dans la pièce. La Reine sanglotait, les fées sanglotaient, surtout Tiche qui avait imaginé la plus belle histoire d'amour qui se soit vue. Le Roi ne sanglotait pas mais n'en pensait pas moins. Même le gros chat roux qui se frottait sur les royales bottes sentait bien que son ronronnement était incongru. Le banquet fut triste, le bal morose et, lorsqu'il fut l'heure pour chacun de prendre congé, les adieux furent déchirants. Même si de piètres consolations avaient parsemé les conversations arides du reste de la journée – le petit allait tout de même se marier, il rencontrerait tout de même une princesse qui serait tout de même jeune, on ne lui annonçait pas de maladie ni d'infirmité – on enrageait à la pensée que ce fut Lonie qui eut été oubliée plutôt qu'une autre plus accommodante.

Johan Leprince-Charmant grandit sans heurt à l'ombre des vœux merveilleux de ses marraines les fées. Son beau regard bleu faisait s'épanouir tout ce qu'il effleurait, ses beaux cheveux blonds l'auréolaient d'or fin, son corps était d'une rare perfection, son sourire convainquait même les plus austères, son autorité affable en faisait, même alors qu'il n'était qu'un très jeune enfant, un maître délicat à qui il faisait bon obéir. Il joua avec ardeur, étudia avec aisance, parla avec brio, monta avec fougue, se montra avec simplicité, reçut avec naturel, jugea avec conscience, punit avec rigueur, géra avec compétence bien avant de penser à convoler. Mais, à mesure qu'il s'éloignait de l'enfance, autour de lui grandissait l'inquiétude.

En effet, on sentait poindre dans son comportement les signes avant-coureurs d'une attitude peu commune face aux jeunes filles. Il les trouvait toutes fort jolies et l'on sentait bien qu'elles ne le rebutaient pas, mais il se plaignait toujours de ce que ses rencontres avec elles manquaient d'inattendu. Elles se trouvaient toujours à le croiser dans le parc, dans le verger, dans la salle à manger, sur le grand perron de pierre, dans tous les lieux où se croisent habituellement princes et princesses. Elles lui dédiaient un merveilleux sourire, lui offraient une profonde révérence, baissaient les yeux en battant des cils, tout ce que font les princesses en mal de princes, quant à celles qui ne le croisaient pas, elles lui étaient amenées par des pères obséquieux qui lui vantaient les qualités de la demoiselle et l'opulence de la dot. Il avait envie de quelque chose de plus étrange, annonça-t-il un jour. Non pas que la personne dût l'être, mais plutôt la façon de faire connaissance.

La consternation régna de nouveau au château. La malédiction de Lonie s'installait enfin. Qu'allait faire Johan ? Comment tout cela allait-il finir ?

On eut bien vite une réponse à la première question car le prince décida qu'il en avait assez d'attendre et qu'il allait lui-même se mettre en quête de sa princesse. Il harnacha son beau cheval blanc, revêtit son plus beau pourpoint, se coiffa de son grand chapeau à plume, enfila ses bottes de chevreau, remplit une bourse de pièces d'or et disparut au galop.

Isabelle Haubois d'Ormant était jeune, belle et de surcroît princesse mais, si son sourire était étincelant, il n'en était pas moins simplement un sourire ; elle avait à quelques reprises eu l'occasion d'apercevoir Johan et, chaque fois, son cœur s'était ému. Mais elle avait aussi eu vent de l'étrange malédiction qui planait sur les amours du beau prince et elle savait bien que si elle ne faisait pas preuve d'imagination, elle n'aurait aucune chance de vivre heureuse et d'avoir beaucoup d'enfants. Elle se retira donc un jour dans sa chambrette et résolut de n'en sortir que lorsqu'elle aurait trouvé un moyen suffisamment étrange d'aborder le prince. Se nourrissant peu, dormant encore moins, elle passait ses longues journées et ses longues nuits devant sa fenêtre, cherchant au-delà de l'horizon l'astuce qui lui permettrait de combler son désir.

« Âme, ma chère âme, l'entendait-on gémir, ne sens-tu rien venir ? » et son âme lui répondait « Non, je ne sens que ton cœur qui battoit et ton esprit qui piétinoit ! »

Et les jours passaient et les semaines, et dépérissait Isabelle. La cour était en émoi devant tant d'amour et tant de désarroi, mais s'inquiétait aussi de la santé de la princesse. Serait-elle encore aussi belle après avoir perdu une dizaine de kilos ? Son regard serait-il toujours aussi clair après avoir versé tant de larmes ? Mais la belle n'eut pas toléré qu'on la dérangeât et la cour attendait.

Par un beau matin ensoleillé, out le château fut réveillé par de grands cris venant de la chambre d'Isabelle ;

« Euréka, eurêka ! » criait-elle à tue-tête. Elle sortit alors de sa chambre et, vêtue seulement d'un léger vêtement, - ce qui réjouit éminemment bien des godelureaux – elle virevolta dans tout le château en continuant de répéter les mêmes sons. La famille royale, pour qui ces cris étaient du grec, comprit que quelque chose venait de se produire et, ne sachant s'il s'agissait d'une dépression nerveuse ou d'une joie intense, se saisit de la jeune fille et la força à s'expliquer.

« Saillait jéhuntruc ! », leur expliqua-t-elle dans un souffle, ce qui ne rassura guère son père qui avait entendu parler de possessions qui se manifestaient de la sorte.

« Jsaicommentlavoir ! » haleta-t-elle, toujours sans l'entendement de sa famille. « Epizut ! » conclut-elle devant l'air ahuri des siens et elle s'en fut vers le grenier.

Au cours de sa longue réflexion, Isabelle avait concocté la rencontre qui surpassait toutes les rencontres. Elle se souvenait, pour y avoir joué quelquefois malgré l'interdiction de sa famille, que le grenier recelait des trésors et en particulier un rouet magnifique sur lequel elle se rappelait avoir vu un fuseau encore tout entortillé de nuages de toison. Si elle saisissait la tige acérée comme cela, elle ne pouvait pas manquer de se piquer. Elle tomberait forcément endormie entraînant dans son sommeil – cela allait de soi – bêtes et gens du château et serait réveillée, quelque temps plus tard, par Johan qui, passant par-là sur son blanc destrier, ne manquerait pas de trouver étrange à souhait le fait que tout un domaine fût endormi. Il se précipiterait alors sans aucun doute au secours de la belle princesse qu'il réveillerait à coup sûr d'un baiser affectueux.

Elle se mit donc à la recherche de l'objet qu'elle découvrit coincé entre un coffre rempli d'effets de théâtre et une tondeuse à gazon. Elle fit un peu d'ordre sur le vieux canapé qui occupait une petite alcôve près d'un œil-de-bœuf, s'allongea sur la couche dans la position propre à toutes les princesses attendant, endormies, la venue de leur prince, drapa avec soin la robe de taffetas turquoise qu'elle avait trouvée accrochée à un clou et qu'elle avait passée à même sa peau de pêche, dispersa ses boucles sur l'oreiller de plumes. Sans une hésitation elle se piqua l'index de la main gauche, et confiante et heureuse, attendit que le miracle s'accomplît.

Le lendemain matin, un petit foyer d'infection s'était développé au bout de son doigt, le surlendemain la septicémie lançait l'offensive. Elle mourut le troisième jour dans d'atroces souffrances. Et c'était fort bien ainsi car Johan, pendant tout le temps que dura sa quête, ne pensa même jamais à visiter cette région.

Pendant que se déroulaient ces événements de la plus grande portée, Johan chevauchait. Nuit et jour il galopait, cherchant au-delà des horizons, celle qui serait sa princesse. Il n'y eut pas une montagne qui l'arrêtât, pas un torrent qui l'effrayât, pas un gouffre qui l'ébranlât, pas un pic qui le rebutât, pas un océan qui l'inquiétât. Inlassable, il sillonnait contrées et continents à l'affût du moindre indice qui lui livrerait sa princesse. Dans la forêt les oiseaux l'encourageaient, les chevreuils lui faisaient un brin de conduite, les hiboux lui demandaient hou il allait. Les villageois, qui avaient eu vent de son odyssée, l'accueillaient avec chants et danses, partageaient avec lui leur maigre pitance, priaient pour sa réussite.

Un dimanche matin, il avait fait ses dévotions plus tôt qu'à l'ordinaire car il avait entendu dire qu'une merveilleuse jeune fille apparaissait de temps à autres dans la clairière du bois de la Louve. D'une voix de source, elle chantait, en s'accompagnant à l'accordéon, une mélodie merveilleuse dans laquelle on parlait de prince qui viendrait un jour… La rumeur semblait intéressante et il lui faudrait bien une journée entière pour se rendre au dit bois. Il s'était donc mis en route de bonheur. L'air était léger, la lumière gracieuse, l'herbe du chemin soyeuse, la forêt tendre, il n'avait plus aucun doute quant à l'issue de son voyage.

Le soleil était au zénith quand il arriva à la croisée des chemins au lieu-dit du Mortier Noir. Un calvaire de pierre se dressait et sur un des bras était perché un corbeau tenant en son bec une pomme verte.

« Ah, ben ça, alors ! » ne dit pas Johan que l'émotion rendait muet. « ce n'est pas une jeune fille jouant de l'accordéon, mais c'est tout de même étrange… » continua-t-il sur le même ton. « Serait-ce ?… » réussit-il tout de même à articuler. Et il arrêta son cheval blanc. Il ressentait un trouble indicible et pour cette raison il se taisait. Il prit quelque temps pour se refaire un courage et, lentement pour ne pas effrayer sa future, mit pied à terre. Il s'approcha alors de la croix et, de sa voix argentine, récita à l'oiseau un poème qu'il inventait à mesure et où l'on parlait de ramage et de plumage et d'hôtes de ces bois. Le corbeau, qui réussit à contenir sa joie, se propulsa d'un coup d'aile sur la croupe du cheval. Johan vit dans ce geste un autre signe du destin et compris que, le bois se remplissant maintenant de fidèles rentrant de la messe, sa belle voulait qu'il l'emportât vers un endroit plus intime où elle pourrait, avec un peu moins de hâte, prendre forme plus humaine. D'un bond souple, il se remit en selle et se mit en quête d'un petit chemin de traverse qu'il trouva d'ailleurs à une demi-lieue de là. Des frissons au cœur, il s'y engagea jusqu'à ce qu'il trouve l'endroit propice à la métamorphose. Soudain, il sut qu'il y était ; à un détour du sentier, s'ouvrait une mignonne clairière toute tapissée de muguet odorant et entourée de chèvrefeuilles. Il n'y tint plus, il sauta sur le tapis de fleurs et, dans un ruissellement de paroles enchanteresses, il enveloppa l'oiseau de ses doigts de velours et après avoir délicatement retiré la pomme verte qu'il posa sur sa selle, il déposa sur son bec le baiser le plus passionné qui, de mémoire de lèvres, se fût jamais donné.

« Ça va pas, non ! le coup de la panne, on me l'a déjà fait ! je suis pas ici pour la gaudriole, moi, il faut que je rentre chez moi et je suis perdue ! » clama la vieille femme qui, dans un nuage de poussière s'était substituée au corbeau.

Johan n'écouta que son horreur et sauta en selle. La pomme lui infligea une grande douleur, mais il n'en avait cure, il éperonna son cheval qui, soulevant à nouveau la poussière qui venait à peine de se déposer, le ramena vers des rêves plus cléments.

Johan passa le reste de la journée au rythme du pas de son cheval. Le visage défait, le dos courbé, le fondement douloureux, les jambes pendant aux flancs de l'animal, il portait tout le poids de sa première déconvenue. Se pouvait-il qu'il fût si difficile de se trouver une compagne ? Pourquoi s'efforçait-il à l'aller chercher dans de telles conditions alors que les plus belles d'entre les plus belles ne demandaient qu'à lui ouvrir leurs bras ? « Oh, que le destin est féroce ! » lança-t-il dans un souffle de douleur.

« Tu m'as appelée ? » grinça de derrière un bouleau la sœur de Lonie. Mais, tout à sa peine, il ne l'entendit pas et continua son chemin. Et c'était aussi bien ainsi car la fée Rosse n'était guère plus avenante que sa sœur…

C'est dans cet état de profonde affliction qu'il arriva devant une charmante petite maison au toit de chaume qui occupait toute une clairière. Elle semblait diffuser une aura de paix et de sérénité et

Johan, à la vue d'un abri si délicat, se sentit fondre. Ce serait une agréable conclusion à une journée autrement riche en émotions que de se reposer en un lieu si paisible. Demain viendrait et il pourrait reprendre le chemin du bois de la Louve. Il mit pied à terre libérant ainsi la pomme qui disparut dans un juron en touchant le sol, attacha son cheval à un arbre qui lui tendait une branche et, confiant, s'en fut frapper à l'huis.

Une voix étouffée lui répondit de l'intérieur :

« Tire la chevillette et la bobinette cherra ! »

Il s'exécuta, la bobinette en fit autant et, dans un murmure, la porte s'ouvrir sur une cuisine bien rangée dans l'âtre de laquelle rougeoyaient encore quelques braises. Une bonne odeur de pain au levain et de fromage de chèvre flottait dans la pièce et Johan sentit qu'il avait bien fait de faire halte en cette chaumière.

« Je suis dans la chambre ! » minauda une voix que Johan aurait été bien en peine de qualifier.

« Viens, vite, tu es en retard, je t'attends depuis longtemps… » continua la voix somme toute agréable.

« Que c'est étrange ! » retint Johan, les cordes vocales paralysées. Et il s'immobilisa. Son esprit engourdi de la fatigue du jour tentait de se remettre. Il fit un violent effort : « serait-ce ? … » laissa-t-il glisser.

« Viens-vite ! » souffla, de l'autre côté de la porte, la voix dans laquelle il décelait maintenant un peu plus de désir qu'il n'en aurait attendu d'une jeune et vierge princesse.

Il pénétra dans la chambre. Un grand lit à colonnes occupait presque tout l'espace qu'offrait la petite pièce. Un coffre de style castillan, ouvert au pied du lit, lassait couler une courtepointe dans les tons d'automne. Des rideaux de gros crochet dessinaient des paniers de fleurs sur la maigre fenêtre qui donnait sur le verger. Un gros édredon de toile grenat couvrait le lit où une vie frémissait. Seul un petit bonnet de coton finement brodé reposant sur le traversin de lin bis, trahissait la présence d'une tête à cet endroit.

Johan ne savait pas qu'une jeune fille, même invisible, pût avoir autant d'effet sur les sens d'un jeune homme. Ce traversin, qui se soulevait au rythme d'une haleine dans laquelle Johan ne savait s'il devait distinguer l'expectative, la crainte ou le désir, rappelait, dans l'esprit du jeune homme, des images que ses maîtres avaient cru effacer. Ses mains, qu'il serrait maintenant à s'en blesser, devenaient moites. Cependant que le halètement se faisait, dans le lit plus pressant, il se demanda pourquoi il faisait si chaud dans la pièce et pourquoi il se trouvait soudain si à l'étroit dans son justaucorps. Enfin, n'y tenant plus, il s'approcha de la couche, il avança une main hésitante vers le petit bonnet qu'il vint, finalement, à toucher. Une chaleur animale accueillit son geste qui se précisa. Sa main glissa sous la légère coiffe et rencontra une chevelure rude, certes, mais agréable. Il poussa son avantage à la faveur des soupirs qui accueillaient son exploration.

« Comme elle a de grandes oreilles ! » se dit le prince les ayant fait jaillir du bonnet « et comme elles sont velues ! »

Il ne se découragea pas pour autant, trouvant même un certain charme à l'étrangeté de la situation et, de plus en plus ému, poussa son avantage.

« Comme elle a un grand nez ! » observa-t-il astucieusement après avoir effleuré une grosse truffe humide.

« Comme elle a de grandes dents ! » eut-il juste le temps de dire avant que le loup, éparpillant la literie d'un mouvement violent, ne se dresse sur le lit et commence à hurler : « C'est pour mieux te manger mon… ! »

Il s'arrêta net.

« Ah, ben, non, non, ça va pas ! ça va pas du tout ! c'est pas toi qui doit être ici ! On peut plus être tranquille cinq minutes dans ce bouquin ! Écoute, mon vieux, pourrais- tu aller jouer dans ton conte à toi et me foutre la paix dans le mien ? Si c'est pas trop te demander... Alors s'il te plaît va me tirer la bobinette, et laisse choir la chevillette et ciao ! » et le loup se reglissa dans les toiles.

Cette nuit, Johan dut coucher à la belle étoile.

C'est plutôt déçu que Johan, le lendemain à l'aube, se remit en selle. Il commençait à croire qu'il ne la découvrirait jamais, sa princesse. La nuit mouvementée qu'il avait passée lui avait presque fait oublier le bois de la Louve et l'apparition, et il avait traîné dans le bois la meilleure partie de la matinée avant de reprendre le cours normal de ses pensées. Son apparence physique – perché sur son cheval avait été à l'image de sa déconfiture morale et il avait ressemblé plus à une chiffe mouillée dégoulinant de part et d'autre de sa monture, qu'à un vaillant prince à la recherche de l'amour. Mais, à mesure que le souvenir du loup s'estompait, renaissait celui de la belle jeune fille à l'accordéon. Il se redressa petit à petit jusqu'à, en fin d'après-midi, avoir repris allure plus princière.

Il arriva à une fourche et choisit le chemin de droite qui, il se rappelait, le mènerait à un raccourci qui le mènerait à une vallée qui menait en moins d'une heure au bois de la Louve. Il était presque d'humeur à fredonner quand il arriva à une petite maison qui ressemblait à s'y méprendre à celle qu'il avait visitée la veille. Il se préparait à fuir le lieu maudit quand il aperçut, entre les branches d'un lilas en fleurs, une petite serre dans laquelle poussaient quelques tomates vermeilles. Il se trouva fort heureux de ne pas avoir tourné en rond et d'avoir découvert une chaumière accueillante où il pourrait passer la nuit. Au moment où il allait pénétrer dans la petite maison, dont la porte grande ouverte l'invitait à entrer, il entendit, du côté de la serre, un tintement de cristal dans lequel son ouïe aux abois reconnut le rire délicieux d'une jeune et belle princesse.

Il recomposa l'allure princière qu'une lourde journée de réflexion et de monte avait quelque peu ternie et, de son pas le plus élégant, glissa vers la serre. Là, dans la chaleur parfumée, sur un lit de mousse, caressée par les derniers rayons du soleil, une ravissante jeune fille était assise près d'un plan de tomates croulant sous sa charge de fruits mûrs. Johan défaillit presque devant tant de beauté. Blonde comme lui, la demoiselle avait maintenant posé ses grands yeux d'azur sur lui et un sourire d'une indicible fraîcheur commença à se dessiner sur le fruit de ses lèvres. Elle était vêtue d'une robe de soie pervenche dont elle avait étalé la large jupe autour d'elle. Un col de dentelle bis insistait sur la douceur de sa peau. Elle regardait maintenant dans les yeux le prince dont les jambes prenaient lentement la consistance du coton.

« Salut, beau prince ! » lui dit-elle dans un rire qui fit scintiller l'air.

Johan apprécia à cet instant même la chance qu'il avait eue d'avoir ainsi dû se soumettre à ses épreuves précédentes avant d'arriver à sa princesse. La crainte dans laquelle elles l'avaient plongé n'avait fait que rendre ce moment plus merveilleux. Il tomba à genoux près de la jeune fille et, croisant ses mains sur son cœur, il lui parla de leur amour. Ses paroles coulaient comme un torrent d'étoiles filantes dans un firmament sans tâche et ses gestes légers s'harmonisaient à la symphonie de sa voix pour composer le chef-d'œuvre du couple futur. Sa main, comme un duvet, se posa sur celle de la jeune fille qui frémit mais accepta la caresse. Les yeux mi-clos, il approcha son visage de celui de la princesse, se préparant à l'apothéose du baiser. Son regard se perdit, il continua son avance ; leurs haleines se mêlaient maintenant. Son cœur battait à se rompre, il avait trouvé sa princesse, il avait conjuré le sort. Leurs lèvres s'effleurèrent…

Johan se sentit soulevé, et dans un fracas d'apocalypse, il vola à travers les vitres de la serre, atterrit sur un tas de cailloux qui se trouvait non loin de là et roula jusque dans un buisson de ronces. Malgré la profonde douleur qui lui torturait la poitrine il était heureux : « c'est le coup de foudre ! » pensa-t-il avant de s'évanouir. Lorsqu'il réussit enfin à soulever les paupières, il vit, dans une ouverture du buisson toute frangée d'épines, une forme sombre et menaçante qui, les mains sur les hanches, semblait le réprimander. Il n'avait pas encore recouvré l'ouïe et préféra s'évanouir une seconde fois pour se refaire une santé. Lorsqu'il rouvrit les yeux, l'ours était encore dans la même position, et cette fois il put l'entendre :

« Si je te reprends encore à peloter ma Boucle d'Or, espèce de salopard, que tu sois prince, roi ou même le bon Dieu, je te mets en orbite ! »

Et, au travers de ses larmes, Johan put, de son buisson de ronces, voir sa princesse, tendrement enlacée à Papa ours, s'éloigner au rythme du dodelinement du jaloux plantigrade.

Cette nuit encore, Johan dut dormir à la belle étoile.

Sa nuit fut agitée de sinistres cauchemars. De merveilleuses princesses lui étaient apportées sur des plateaux d'argent et chaque fois qu'il s'avançait pour les couvrir de baisers, elles disparaissaient de quelque funeste manière. Une lui éclata dans les mains le brûlant atrocement, une autre se transforma en un énorme crapaud qui tenta de l'étrangler de sa langue visqueuse. Une autre encore lui cracha des flammes au visage. Son réveil fut douloureux ; chaque muscle de son corps, pourtant rompu à l'exercice, lui rappelait les sinistres événements de la vielle. Chaque pensée lui remémorait les inquiétantes calamités de ses rêves. Chaque instant, pourtant, réveillait son besoin de continuer sa quête.

Il se leva péniblement de sa couche de feuilles mortes, s'étira plus douloureusement encore, remit un semblant d'ordre dans ses vêtements, grimpa avec précautions sur son cheval à qui il recommanda le plus grand calme et reprit la route. Il se mit presque aussitôt à pleuvoir…

« C'est bien ma chance, comme si je n'avais pas assez d'ennuis comme ça ! » demanda-t-il à son cheval qui, n'en ayant pas la moindre idée, jugea plus sage de ne pas répondre. Il plut ainsi tout le jour et c'est un bien triste équipage qui arriva à l'auberge des trois tilleuls sur le coup de six heures. Au cours de la morne journée, Johan avait eu le temps de comprendre qu'il avait besoin d'un brin de toilette et d'une longue nuit de sommeil et il avait décidé qu'il ne prendrait aucun risque jusqu'au lendemain. Il commanda un bon repas et demanda qu'ensuite on fît couler, dans sa chambre, un bain très chaud. Son optimisme reconstruit après un copieux repas, il monta dans sa chambre où l'attendait une baignoire fumante. Il se débarrassa de ses vêtements et se glissa avec délices dans la caresse de l'eau parfumée. Ses démêlés avec le destin semblaient maintenant assez lointains et il commençait à préparer des plans pour le lendemain lorsque la porte de sa chambre s'ouvrit lentement. Une main aux ongles carminés apparut et enveloppa le bord de la porte, la poussant avec une extrême légèreté. Johan se raidit. « Quoi, même ici ! » souffla-t-il en laissant échapper le savon au fond de la baignoire. Un bras à la peau laiteuse fit suite à la main, puis un coude, une épaule qui révéla enfin la plus délicieuse des jeunes filles. Il crut un instant qu'il était dans un autre conte. Vêtue d'une robe très courte qui laissait voir des jambes aux fuseaux magnifiques, elle tenait à la main une brosse. Johan passa machinalement sa main sur son bas ventre où il ne trouva pas le savon et s'apprêtait à souhaiter la bienvenue à la demoiselle quand, sur la porte, une autre main glissa qui se continua par un bras à la peau de cuivre, qui fut lui-même suivi d'un coude, d'une épaule qui révéla une créature plus extraordinaire encore, étroitement serrée dans un léger ensemble de satin pêche et qui, au bout de ses doigts, agitait un gant de toilette. Johan commença à penser qu'il avait bien fait de laisser tomber le savon dans l'eau qui, devenue laiteuse, dissimulait son émoi. Malgré le doute qui étreignait son esprit, il commençait à trouver que l'expérience ne manquait pas de charme et, alors qu'il allait inviter les demoiselles à s'approcher, une troisième main suivit le chemin pris par les deux autres ; elle appartenait à la plus pulpeuse des rousses qu'il eut été donné à Johan de rencontrer. Elle portait une chemise de lin grossier qui lui descendait jusqu'à mi-cuisse et qui, largement ouverte sur son torse laissait deviner d'affriolants atouts. Le savon qu'elle portait indiqua à Johan qu'il n'aurait pas à se laver lui-même. Les trois jeunes personnes se mirent en effet à l'œuvre. Elles avaient ôté leurs vêtements afin de ne pas les souiller et c'est à un ballet féerique de formes ondulantes que Johan assista dans une demi-conscience. Sous les caresses savantes des laveuses, Johan perdit toute amertume quant à son passé, toute prise sur son présent, toute inquiétude quant à son avenir, Récuré, parfumé, frotté, séché, Johan se retrouva allongé sur le lit aux rudes draps de lin. Les trois jeunes filles, vêtues de leur plus beau sourire, s'approchèrent alors de la couche, s'assirent tout autour de lui. La jeune fille aux cheveux de feu étendit lentement la main vers la bourse de Johan qui se trouvait un pied du lit et, la lui tendant poliment, demanda deux écus pour un travail bien fait. Lorsqu'il eut payé et remercié les trois grâces, elles se levèrent, remirent leur léger vêtement et, de la même façon qu'elles étaient entrées, repartirent vers leurs occupations. Cette nuit, les rêves de Johan eurent une toute autre allure.

C'est la joie au cœur que Johan se remit en selle le lendemain matin, après un copieux repas servi avec sensualité par les trois jeunes filles de la veille. Les événements avaient repris un tour décidément plus positif et il sentait qu'il approchait du but. Galopant dans la forêt, qui distillait à son intention un parfum d'expectative, Johan fit le point de sa situation. Ses aventures, pour désagréables qu'elles eussent pu être, ne l'en avaient pas moins renforcé dans son amour pour celle qu'il devinait au bout de son chemin. Accompagnées par la symphonie printanière que lui murmurait la frondaison, ses pensées caressaient celle avec qui il allait s'unir et qui était si belle et si douce. Et qui, il en avait la conviction maintenant, l'attendait dans la clairière magique. Malgré cette certitude, il restait tout de même en éveil au cas où se manifesterait, sur son passage, quelque phénomène étrange et donc plein de promesses. Il se prit à fredonner une mélodie langoureuse que quatre bardes avaient mise à la mode et qui parlait d'hier…

À un détour du chemin apparut une maisonnette. En tous points semblable à toutes celles qu'il avait déjà visitées, elle émettait, elle aussi, cette sensation floue d'étrangeté et, bien qu'il eût été à plusieurs reprises échaudé, Johan se sentit attiré. Désapprouvant le peu d'imagination des entrepreneurs locaux qui semblaient incapables de créer autre chose que quatre murs en colombages surmontés d'un épais toit de chaume et percés de maigres fenêtres à petits carreaux, il s'approcha de l'habitation qui, malgré tout, respirait l'hospitalité. Il descendit de son cheval, qui se mit à déguster les myosotis tapissant le sol à cet endroit, et s'approcha de la porte. Il appela. Il ne reçut point de réponse. Il atteignit le seuil, appela de nouveau. Personne ne lui répondit. Il entra alors dans une grande pièce bien rangée qui sentait bon le désinfectant et la soupe aux poireaux pommes de terre. Sept petites chaises occupaient trois des côtés de la longue table de chêne et une plus grande trônait à l'extrémité proche de l'âtre. Au fond, dans l'encoignure où quelque humble vaisselle aux planches d'un bahut vaguement étincelait, une horloge égrenait ses secondes, imperturbable face à l'intrus. Il appela une autre fois sans succès. Il revint sur le pas de la porte et examinant les alentours, pour tenter d'y découvrir quelque gente demoiselle, il distingua, à quelques pas de là, dans ce qui semblait une clairière, une lueur différente de celle dont le soleil gratifiait la forêt. Toute de reflets d'or, scintillante de paillettes d'argent, la lumière le mandait.

« Serait-il possible que je me fusse trompé de clairière, réfléchit Johan, ou bien serais-je déjà arrivé ? »

Nonobstant cet interrogatoire intime, il se dirigea sans plus attendre vers l'embrasement féerique.

En plein centre de la clairière toute tapissée de jacinthes au parfum voluptueux, s'élevait un étrange monument d'où émanait le mystérieux éclat. Une base de marbre rose finement ciselée soutenait ce qui, à première vue, eût pu rappeler un aquarium mais qui, après examen, semblait être quelque sépulture aux parois de cristal. D'où il se trouvait, à la lisière de la clairière, Johan crut distinguer un gisant étendu dans le cercueil et, même s'il ne lui avait pas semblé avoir entendu le son grêle de l'accordéon, il comprit, contre toute vraisemblance, qu'il avait enfin atteint son but. Il s'approcha et découvrit, allongée de tout son long sur des coussins de velours grenat festonnés d'or, la plus merveilleuse des princesses. Johan savait déjà qu'il n'aurait qu'à poser ses lèvres sur la bouche pulpeuse de la jeune fille pour que s'ouvrissent sur un avenir heureux les deux exquis yeux bleus que dissimulaient les tendres paupières aux longs cils. Johan s'étonna bien un instant que sa princesse tint, dans sa fine main, un plumeau passablement déplumé, mais l'étrangeté même de la chose l'entretint dans sa conviction première. Avec les plus grandes précautions, il souleva le couvercle de verre, monta sur le socle de marbre et, malgré l'extrême difficulté de la position que la situation lui imposait, déposa un doux baiser sur les lèvres de son aimée. Un grognement répondit à son geste et la jeune fille se tourna sur son côté gauche forçant, dans le mouvement, quelques plumes du plumeau dans le nez du prince qui se mit à éternuer violemment. Réveillée en sursaut par la tempête, la jeune fille se mit dans une grande colère :

« Dites donc, vous, vous ne pouvez pas aller faire vos cochonneries ailleurs ? Non mais, je vous assure, ajouta-t-elle, en assénant force coups de son plumeau sur le pauvre Johan qui, déjà en un équilibre rendu bien instable par la précarité de sa position initiale, avait d'autant plus de difficultés à ne point tomber, comme si j'avais pas déjà assez à supporter avec Atchoum, il faut encore qu'un hurluberlu, venu de Dieu sait où, vienne non seulement me réveiller, ce qui serait déjà assez pour me rendre furieuse, mais en plus me donner une douche ». Et, d'un dernier coup de plumeau, elle fit basculer Johan qui, après s'être ouvert l'arcade sourcilière au coin acéré du socle, se retrouva les quatre fers en l'air dans les jacinthes au parfum beaucoup moins voluptueux à cet instant.

« Que je ne vous y reprenne plus, grossier personnage ! » termina-t-elle dans un dernier accès de rage, et, ayant refermé le couvercle, elle reprit sa sieste là où elle l'avait laissée.

Aveuglé par le sang qui coulait à profusion de sa blessure, Johan eut bien du mal à retrouver son chemin jusqu'à la maison d'abord, jusqu'à son cheval ensuite, qu'il trouva finalement dans une clairière voisine en pleine discussion avec un chevreuil à l'air plutôt déprimé. Heureusement, une eau claire sourdait près de là dans laquelle Johan épongea sa coupure : il ne porta pas attention à l'agneau qui lui demandait si c'était le loup qui lui avait fait ça. De sa camisole, il déchira une manche dont il se fit un bandeau et c'est dans cet état qu'il se remit en chemin.

« Oui, en y'en a marre ! » se répétait Johan qui commençait à être fâcheusement atterré par la tournure que prenaient les événements, « je vais aller jusqu'à la fameuse clairière du bois de la Louve, je vais attendre encore deux semaines et si rien ne se passe, je rentre à la maison et j'épouse la cuisinière».

C'est l'esprit paralysé par ces mornes pensées qu'il arriva enfin à la clairière. L'endroit était bien comme on le décrivait : à la fois paisible et inquiétant, calme et agité, il distillait une atmosphère magique et Johan admit que rien de ce qu'il avait vu auparavant n'avait ce caractère et que s'il était un lieu étrange, c'était bien celui-ci. Sa blessure ne le faisait maintenant plus souffrir, il se fit un devoir d'installer son bivouac. Quelques couvertures drapées sur des branches firent parfaitement l'affaire et c'est avec un certain plaisir que Johan s'installa dans son attente.

La première semaine passa relativement rapidement. Il y avait beaucoup à admirer dans les alentours et Johan ne trouva pas le temps long. Il s'était habitué au mystère de la clairière et, dès la seconde nuit, il ne s'inquiétait plus des rumeurs singulières qui la parcouraient. Il dormait peu, ne voulant point risquer de manquer l'apparition, mais ne manquait point de sommeil car ses journées se passaient sans grande activité. Il se nourrissait de façon frugale avec ce que lui offrait la forêt avoisinante. Il s'était lié d'amitié avec un hérisson qui venait lui tenir compagnie pendant quelques heures chaque après-midi. La jeune fille ne s'était toujours point montrée mais il avait bon espoir.

À l'orée de la deuxième semaine, il commençait à s'ennuyer, d'autant plus qu'il avait commencé à pleuvoir et que le ciel bouché n'était guère de bon augure pour les journées à venir ; on sait en effet que les princesses n'aiment point à se faire mouiller. Le neuvième jour, il commença à se plaindre et il eût pris grand plaisir à maudire la fée

Lonie n'eût-il eu peur que cela la mît dans de mauvaises dispositions à son égard ; il ne pouvait plus se permettre de prendre aucun risque. Le dixième jour, il eut froid. Il pleuvait toujours et l'humidité glacée commençait à lui pénétrer l'âme, d'autant plus que le bois détrempé qu'il avait ramassé pour faire du feu refusait de produire ne serait-ce que de la fumée. Le onzième jour, il toussa. La nuit avait été rude ; le vent qui s'était levé mécontent, avait soufflé son frêle abri, il s'était adossé à un arbre essayant tant bien que mal de se protéger des trombes d'eau que lui jetait le ciel en furie. Le douzième jour, une éclaircie lui permit de remettre de l'ordre dans son campement et dans ses pensées moroses : il passa vite. La nuit, secouée d'un violent orage fut des plus pénibles. Le treizième jour, Johan commença à désespérer. La situation dans laquelle il se trouvait était certes étrange, mais l'étrangeté n'avait guère porté ses fruits et il s'imaginait accoté à la plantureuse cuisinière du château qui, si elle était experte dans sa spécialité, n'en montrait pas moins d'innombrables bourrelets, conséquences de l'excellence de son art. Il refusa la compagnie du hérisson, oublia de se nourrir, maugréa contre le ciel éternellement gris, pensa un instant à mettre fin à ses jours, s'endormit vers minuit rêvant des vergetures de la cuisinière.

Quand il ouvrir les yeux, le quatorzième jour, un grand soleil joyeux inondait la clairière et faisait chanter l'herbe fraîche. Les oiseaux gazouillaient tout autour de Johan qui crut reconnaître dans leur chant le son de l'accordéon. Revigoré par ce réveil en fanfare, Johan fit un brin de toilette, rajusta ses habits, retendit les couvertures de son précaire abri et s'en fut cueillir des framboises. Le reste de la journée fut à l'image de ce matin : glorieux. Tellement glorieux que Johan avait repris courage. N'était-ce point un signe, d'ailleurs, que le soleil fût réapparu justement le quatorzième jour ? Il en était maintenant certain, cela allait se passer ce soir même, c'était inévitable, tout concourrait à le lui assurer.

Après s'être restauré de quelques morilles et d'un grand bol de groseilles sauvages, Johan s'assit pour la veillée. Le soleil mit plein de grâce à se coucher et c'est dans la moiteur d'une nuit qui s'annonçait merveilleuse que commença la musique. Ce ne fut rien d'abord qu'un souffle léger délicatement modulé. Johan eut été bien en peine de dire d'où cela venait car la forêt entière participait de son haleine à la symphonie qui se composait dans sa frondaison. Puis ce fut plus net ; une mélodie se détacha, portée par le chœur sylvestre. Il commença à percevoir la respiration de l'instrument ; il n'y avait plus à s'y tromper, c'était bien de l'accordéon, mais un accordéon immense et profond qui jouait de partout à la fois. La musique était maintenant dans la clairière et Johan, envoûté par la magie du moment, avait oublié toutes ses misères passées et se préparait au miracle.

Des paillettes d'or commencèrent à scintiller au centre de la clairière alors qu'une lumière rose, qui tombait des étoiles, diluait l'obscurité. Insensiblement, le chatoiement prenait forme et de longs rayons de lumière irisée s'en échappaient qui allaient caresser les branches des érables qui entouraient la clairière. Johan retenait sa respiration, ému presque jusqu'aux larmes par l'excellence du spectacle et les promesses que celui-ci formulait. Il se laissait bercer par la mélodie qui était maintenant arrivée et palpitait à l'unisson de la luminescence. Son cœur battait lui aussi au rythme de la musique et il pouvait sentir combien l'accord était déjà parfait entre lui et sa future.

Dans un ultime scintillement, la princesse prit corps. Johan perdit presque la notion de son existence tant était belle la créature. Son regard d'azur, fixé sur le jeune homme, irradiait, enveloppé d'un torrent de cheveux d'or. Johan s'était levé, inexorablement attiré par le chant envoûtant, mais, encore figé par l'émotion, il restait là, immobile et silencieux. L'air de la clairière vibrait, la lumière vibrait alors que s'amplifiait le mouvement, les doigts de la jeune fille dansaient sur l'accordéon dont le souffle prenait possession de tout ce qu'il touchait. Elle commença lentement à tourner sur elle-même, puis accéléra le mouvement, faisant déferler autour d'elle les vagues de sa longue robe. Le mouvement devenait maintenant frénésie, la lumière, en éclairs fulgurants, sculptait dans la nuit des orgues déchaînés qui clamaient au monde entier la bonne fortune du prince. La princesse se fit tourbillon et ses pieds, dans sa ronde effrénée, cessèrent de toucher terre. Dans une dernière spirale ensorcelée, plaquant un dernier accord diabolique, la jeune fille s'arrêta devant le prince. Le silence retomba brutalement sur la forêt, l'obscurité se referma d'un seul coup sur la clairière, seul le regard bleu de la jeune fille laissait une tache de lumière. Johan, résonnant encore de l'intensité du spectacle, posa délicatement ses deux mains sur les épaules nues de la princesse, et lentement, très lentement, leurs visages se rapprochèrent. Lorsque leurs lèvres se touchèrent, il y eut dans la forêt comme un dernier hoquet de lumière et de musique et l'apparition se transforma, en produisant un petit arpège aigrelet, en un beau prince à la barbe dure et à la peau basanée.

Lorsqu'il eut repris ses esprits, Johan décida qu'il en avait assez de cette quête stupide, que son compagnon avait, au fond, belle figure – plus belle au moins que celle de la cuisinière – et, un tient valant mieux que deux tu l'auras, il l'épousa. Ils vécurent heureux même s'ils ne réussirent jamais à avoir ne fût-ce qu'un enfant.

Pinocchio

Il y a très très longtemps, les petits garçons naissaient dans les choux et les petites filles dans les roses. Et c'était très bien ainsi, quand ils voulaient un enfant, le papa et la maman allaient discrètement dans le jardin, préférablement par une belle nuit, bruissante du chant des criquets et baignée par une pleine lune langoureuse. Là, ils se disaient des choses très douces dans la langueur de l'haleine de l'été et le lendemain matin, ils allaient récolter leur progéniture. De cette façon, non seulement on pouvait avoir quand on les voulait les enfants qu'on voulait – on se plaçait près des choux quand on voulait un garçon, près des roses quand on voulait une fille – mais en plus, c'était très bon pour l'environnement. En effet, on ne pouvait pas employer d'engrais chimiques qui étaient tout juste bons à produire de grandes asperges sans goût et sans consistance ; si cette pratique avait continué, on n'aurait pas aujourd'hui de trou dans l'ozone. On ne risquait pas non plus de s'attraper le Sida et les seules maladies héréditaires à craindre était la piéride pour les petits garçons et les pucerons pour les petites filles, c'était autrement plus facile à soigner ! Le système était aussi très bon pour la morale car le papa n'avait pas vraiment besoin de faire des choses sales à la maman et s'ils allaient dans le jardin, la nuit et sans que les autres enfants le sachent, ce n'était pas pour se cacher mais parce que c'était plus romantique. Et aussi pour faire une surprise aux petits frères et aux petites sœurs. Tout cela était tellement ingénieux qu'on aurait pu continuer de l'employer pour des siècles et des siècles, Ah, mais non !

Durant sa courte existence, Pinocchio avait eu bien des démêlés avec la vie. Comme chacun le sait, il avait commencé sa carrière comme marionnette dans l'échoppe du bon Gepetto et toute sa vie aurait pu ne tenir qu'à quelques fils n'eut été le délire schizophrénique d'omnipotence dont était atteint son papa. Ce qui n'avait rien arrangé non plus, c'était le fait qu'une fée débutante mais carriériste, en mal d'exploits à inscrire à son curriculum vitæ, avait, de façon fort inopportune, donné une âme au gamin. Celui-ci, affublé d'un fort jeu dans les articulations et de quelques malencontreux nœuds dans ce qui lui servait de tête, se voyait maintenant l'incompétent propriétaire d'un principe infiniment complexe et dont il ne possédait – pas plus que vous et moi – le mode d'emploi. Dans ces circonstances, il allait commettre un certain nombre d'erreurs de parcours que d'aucuns, imbibés de ferveur mystique, préfèrent attribuer à un excès d'humidité contracté dans le ventre d'une baleine. Le gamin n'était pas vraiment mauvais, mais son comportement irraisonné allait constituer la paille qui allait mettre le bâton dans les roues à la perpétuation invariable d'une morale impeccable. Il avait, dès ses débuts dans l'espèce humaine, mis tout en œuvre pour piper les dés de l'existence. Pourtant, bien qu'il ait été impliqué dans de sordides affaires de fraude et soupçonné de trafic de drogues, la fée z'ailée – qui avait été consciencieusement admonestée par ses patrons – avait dû se faire un devoir de le tirer d'affaire. Cela ne s'était pas fait sans conséquences et Pinocchio avait dû payer le prix de ses frasques d'une fâcheuse anomalie physiologique. Quand il mentait, quelle que semblât être la raison de son action, son nez s'allongeait d'une longueur proportionnelle à la gravité du mensonge.

Il avait maintenant dix-sept ans et, bien qu'il se fût quelque peu assagi, il mentait encore quelquefois et son appendice nasal réagissait toujours de la même manière. Il s'était toutefois doté de stratégies de défense dont la plus efficace était sa prétendue prédisposition au rhume des foins. Son mouchoir, qui ne le quittait jamais, lui servait alors de paravent jusqu'à ce que son nez revînt à des proportions plus acceptables. C'était au fond légère punition pour une enfance peu recommandable.

Pinocchio n'était guère mieux fait qu'il n'était nécessaire. Assez petit, il tentait de cacher les articulations noueuses de sa charpente trapue par des vêtements amples (il avait depuis longtemps abandonné les petites culottes courtes tyroliennes et le gros nœud autour du cou). Il était pourtant à la fois fort et souple et sous son écorce rude transparaissait un cœur plein de promesses. Son petit chapeau marron à plume lui donnait un certain charme. Malgré ses péchés passés, il ne se trouvait plus personne qui tremble devant lui et il eut fallu que vous le cognassiez bien fort ou que vous osiez l'insulter gravement avant qu'il se rebellât. Bref, on l'aimait bien.

Or, il advint un jour qu'il découvrit les jeunes filles. Elles étaient nombreuses et jolies dans le village et elles attendaient tranquillement que Pinocchio s'aperçût de leur existence. La première qu'il connut était la douce Hildegarde. Rousse, rondelette à la peau laiteuse, elle était éminemment aimable et Pinocchio rêvait de la serrer dans ses bras.

En ce temps-là, les amoureux s'aimaient d'une manière très douce. Après avoir échangé des propos joliment tournés comme « vous habitez chez vos parents ? ou « le fond de l'air est frais, vous ne trouvez pas ? », ils partaient se promener, en se tenant la main, dans les multiples sentiers que la forêt préparait à leur intention. Ceux-ci étaient le plus souvent bordés de haies de chèvrefeuille qui fleuraient bon la félicité et, au-dessus d'eux, se balançaient des branches légères où perlaient des gouttes de bonheur. Les oiseaux, postés ici et là, distillaient le ravissement par leurs mélodies enchantées. Toutefois, les hiboux montaient la garde et les jeunes gens faisaient bien attention à ce qu'ils faisaient ou disaient car la pie était continuellement aux aguets de quelque propos qu'elle pourrait aller colporter. Quand les choses allaient bien et que les cœurs s'entendaient, on poussait un peu plus avant dans le bois et, dans des clairières spécialement aménagées, les amoureux pouvaient se livrer à des actes un peu plus osés. Le plus normal était de se serrer très fort en se disant des paroles très romantiques comme ; « c'est bon, hein ? » ou « plus fort à gauche, s'il te plait ! » ou, « attention tu as un moustique sur le front ! : Paf !... » ou, dans les moments de grande communion : « Mmmmhmmm ! ». La clairière n'était pas absolument indispensable pour éprouver le grand chambardement, on pouvait faire cela presque n'importe où, sauf sur la place du village car c'était mal vu, chez la boulangère parce qu'il n'y avait pas assez de place et dans les jardins pour des raisons évidentes. Un jeune couple avait une fois fait cela près d'un carré de légumes... Quelle histoire cela avait fait ! Bref, les clairières étaient plus romantiques. Les plus téméraires allaient parfois jusqu'à ôter tous leurs vêtements avant de se serrer ; ils trouvaient que le contact épidermique ajoutait au plaisir. Que cela était donc beau !

Pinocchio commença donc à faire sa cour à la jeune fille. Il commença par lui lancer, de sous la broussaille de ses sourcils, des œillades pleines de malice. Puis il s'enhardit et lorsqu'il la croisait, il la saluait avec des sourires de prince charmant. La peau moelleuse de la charmante Hildegarde en rougissait de plaisir et la fraise juteuse de ses lèvres mûrissait en un gracieux sourire. Puis il lui adressa la parole, remarquant, quand il la croisait devant la boulangerie, combien le pain avait l'air frais, lorsqu'ils se rencontraient devant l'épicerie, combien les pommes avaient l'air frais, venant à passer devant la boucherie, combien la viande avait l'air frais. De saines conversations, en somme. Le corps douillet de Hildegarde s'épanouissait à chaque compliment et Pinocchio, qui bien que charmant était aussi un petit sacripant, savait que l'affaire était dans le sac; quelques sentiers parcourus la main dans la main lui ouvriraient bientôt la route vers des caresses autrement tendres. Le jour vint enfin où, après s'être astreints à tout le rituel, ils arrivèrent à la clairière. La nuit était suave, l'herbe soyeuse sous le pied, l'air caressant, une obscure clarté tombait déjà des étoiles... Ils s'arrêtèrent en plein milieu ; la lune leur envoya un sourire d'approbation...Ils se tournèrent l'un vers l'autre, leurs corps s'approchèrent, se touchèrent. Un courant voluptueux parcourut leur échine. Pinocchio enlaça Hildegarde, tous deux avaient les yeux perdus dans le firmament...

Pour Pinocchio, le moment délicat de l'opération arrivait. Il savait bien que pour obtenir le plaisir qu'il recherchait, pour que sa compagne se donne entièrement à la caresse, l allait devoir forcer un peu ses paroles, il allait devoir mentir. Avec les conséquences qu'il savait. « Tant pis, pense-t-il, j'y vais ! » et il commença de prononcer, tout doucement dans l'oreille de la jeune fille, des paroles très douces qui résonnaient d'amour et de toujours. Et il se mit à serrer Hildegarde. Oh, la sensualité de cette pression ! Hildegarde fondait au fur et à mesure que Pinocchio la serrait. L'excroissance de Pinocchio grandissait au fur et à mesure que sourdaient de sa bouche les paroles charmeuses. Il se saisit bien vite de son mouchoir s'apprêtant à prétexter, comme à l'ordinaire, quelque attaque d'allergie, mais il eut soudain une hésitation qui se transforma bien vite en effroi. Il n'avait certes pas pour habitude de placer le carré de toile à l'endroit où son nez se mit à pousser cette fois. Il n'y avait même pas la place d'y mettre la main, d'abord, tant leurs corps étaient serrés... Hildegarde ne semblait guère se formaliser de ce développement imprévu et paraissait même ressentir quelque plaisir à la chose tant elle appuyait son corps à cet endroit de l'anatomie du jeune home. Pinocchio eut un instant de panique quand il pensa que peut-être la fée avait fait une rechute et que c'était une branche qui lui croissait là, mais cet instant fut de courte durée car un spasme, d'une toute autre qualité que les éternuements qu'il mimiquait habituellement, le secoua jusqu'aux tréfonds de son être. Il dut bien se rendre à l'évidence, à ce moment, que son mouchoir lui eut été d'une grande utilité l'eût-il appliqué à son nouveau nez. Le ravissement d'Hildegarde ne faisait aucun doute ; elle roucoulait. Mais on ne savait si c'était les paroles de Pinocchio qui en était la cause ou bien...

Ils relâchèrent leur étreinte et reprirent le chemin du retour. On devinait, à la démarche malaisée de Pinocchio, que quelque chose le dérangeait. Il ne resserra plus jamais Hildegarde.

Pinocchio réfléchit longuement à l'événement avant de se remettre en quête d'une autre amoureuse. Et plus il réfléchissait, plus il lui semblait qu'il n'avait au fond rien fait de grave et que la jouissance ressentie valait bien quelques épanchements. Il n'était pas de bois, après tout !

Marguerite était svelte et brune. Ses grands yeux noirs faisaient frémir le second nez du jeune homme même quand il n'avait pas l'ombre d'un semblant d'une pensée menteuse. Il comprit vite que la clairière les appelait. De sentiers en promenades, ils s'y retrouvèrent bientôt. Tout se passa comme avec Hildegarde et Pinocchio se rendit compte que plus il racontait des sornettes à Marguerite, plus son nez grandissait et plus Marguerite se pressait contre lui. Son éternuement, ou enfin ce qui en tenait lieu, fut encore plus intense et Marguerite lui tomba presque des bras. Quand ils revinrent au village, Pinocchio avait appris à marcher de façon acceptable malgré le désagrément.

Et il en connut ainsi bien d'autres.

C'est quand il serra Roxane, allongée nue sur l'herbe accueillante de la clairière (il avait découvert que c'était bien moins fatiguant de faire ça dans la position horizontale), qu'il comprit tout l'intérêt de son anomalie et qu'il y avait un charme particulier à mettre son nez dans les affaires des autres. Quant à Roxane, qui répétait, pâmée dans les étoiles : « c'est un roc, c'est un pic, c'est une péninsule ! », elle jura dès maintenant qu'on l'y reprendrait encore.

Roxane fut à première femme au monde à avoir un fils qui n'était pas né dans un chou.

La pomme universelle

Hier soir, j'ai reçu une lettre fort intéressante d'une certaine Madame Smith. Sa lecture m'a fort ému en plutôt que de tenter de vous la résumer, je vais vous la présenter dans son intégralité. Je regrette que Mme Smith n'ait pas laissé son adresse car je me serais fait un plaisir de communiquer avec elle et peut-être aurais-je pu apprendre bien d'autres choses sur le sujet qui nous intéresse ici. Mais ne digressons pas, voici la lettre :

> *Monsieur,*
>
> *Il me fait grand plaisir de constater que quelqu'un, enfin, s'est attelé à la tâche de rétablir la vérité en ce qui touche à ces histoires célèbres qu'ont racontées quelques auteurs et je ne puis que vous encourager dans la voie que vous vous êtes tracée. J'estime que votre œuvre est d'un intérêt majeur pour le développement de notre société en ceci qu'on peut difficilement progresser sur des bases erronées et que vous remettez ainsi notre culture sur la bonne piste.*
>
> *J'aimerais toutefois vous faire remarquer qu'il est un personnage que vous n'avez pas encore mentionné et qui, il me semble, a eu un rôle important à jouer, même si quelques erreurs de parcours ne lui ont pas permis de s'imposer comme*

facteur primordial dans l'histoire. Je veux parler de la vieille sorcière qui avait reçu pour mission d'offrir à Blanche-Neige une pomme empoisonnée. Je sais que vous avez fait état de circonstances où quelque vieille dame aurait fait un geste semblable, mais il s'agissait là d'une autre femme que celle à qui je fais allusion. Je n'en veux pour preuve que le fait que la jeune fille a mangé la pomme sans subir de conséquences fâcheuses.

Je suis, Monsieur, cette vieille sorcière et ce n'est pas par amertume que je vous révèle votre oubli mais plutôt par désir de vous aider dans votre tâche. Les ans ont bien affecté mon caractère et je découvre, dans une bonté nouvellement acquise, un réconfort qui me console de bien des années passées dans l'aigreur et la méchanceté. Des événements qui ont entouré cette pomme empoisonnée, vous trouverez ci-joint un compte-rendu que je vous donne la permission d'utiliser dans votre travail.

En espérant que ma contribution vous sera de quelque utilité, je vous prie d'agréer, Monsieur, l'expression de mes sentiments distingués.

Mme Granny Smith

J'avais un petit magasin de sorcellerie dans le petit village de X et j'ai reçu, un jour, une note de la méchante Reine Mathilde, m'invitant à aller livrer une pomme empoisonnée à une jolie jeune fille du voisinage. La reine ne pouvait le faire elle-même car elle ne sortait jamais de son château et connaissait bien peu de monde. Elle voulait que j'apporte la pomme à la jeune fille la plus belle que je connaisse, me donnait même certaines mensurations pour guider mon choix et insistant sur le fait que la personne en question ne devait pas avoir la moindre trace de cellulite. Je comprenais bien l'aigreur de la reine dont, même si je ne l'avais moi-même vue en personne, on m'avait signalé l'embonpoint et la méchanceté. Il y avait seulement quelques semaines que la petite Blanche-Neige avait emménagé chez les nains et j'avais déjà eu vent de sa splendeur. Le fait qu'elle n'habitait pas trop loin de mon échoppe m'avait donné un argument supplémentaire en sa faveur car mes pauvres jambes me faisaient bien souffrir à cette époque. Je la choisis donc comme victime et préparai le fruit maléfique.

Le jour dit, je m'en fus dans la forêt, ma pomme délicatement posée, parmi d'autres moins belles, dans mon petit panier dans lequel j'avais aussi mis une livre de beurre, à tout hasard. Je connaissais bien le chemin de la maison des nains, ayant passé en leur compagnie un certain nombre de soirées dont je ne vous dis que ça, car je ne voudrais tout de même pas ternir ma réputation ni celle de ces fameux copains. Il faisait très beau, les oiseaux s'enfuyaient sur mon passage, les feuilles jaunissaient lorsque je les touchais, je me sentais sorcière en diable. Arrivée dans le voisinage de la maison, je mis un frein à mes émanations. Ne voulant pas troubler la paix du lieu et ainsi signaler la noirceur de mes desseins. Je trouvai la porte fermée, ce qui était curieux, mais, sachant combien la petite avait changé la vie des sept compères, je ne m'en formalisai pas davantage et frappai faiblement comme l'eut fait une vielle femme. Une épaisse couche de bonté peinte sur mes yeux et mon petit panier bien en vue sur mon bras, je m'apprêtais à déverser sur la jeune fille le flot mielleux de mes paroles envoûtantes lorsque je me trouvai face à face avec un vieil ours grincheux qui me cracha au visage quelque chose comme quoi il avait déjà donné au bureau et que la propagande religieuse ne l'intéressait pas. Ce sur quoi il me referma la porte au nez.

« Et maintenant, que vais-je faire ? » me dis-je en sentant sourdre en moi l'ébauche d'une mélodie.

Quelque peu décontenancée par la tournure prise par les événements, je repris le chemin de ma boutique, mais, absorbée par mes pensées, je ne vis pas la petite Boucle d'Or, qui jouait dans la serre où poussaient quelques tomates vermeilles et qui aurait certainement donné satisfaction même si elle n'avait pas exactement l'âge requis. Toute à mes supputations, je pris probablement une mauvaise direction et, après plusieurs heures d'un cheminement de plus en plus pénible et douloureux, je dus me rendre à l'évidence : j'étais perdue. La nuit tombait, le sol était humide, je pensai à mes rhumatismes et à l'imprudence que ce serait de dormir par terre, je me transformai donc en un noir corbeau et avisai une branche basse. J'avais en effet assez peu l'habitude de dormir ainsi perchée et je me dis que plus basse serait la branche, moins dure serait la chute. Je pris dans mon bec la fameuse pomme et me perchai. Je passai une nuit sans heurt et me réveillai, le bec un peu courbatu d'avoir, pendant mon sommeil, tenu le fruit.

Je m'apprêtais à redevenir moi-même et à tenter de retrouver mon chemin, lorsque mon attention fut attirée par une espèce de grignotement. Je cherchais alentour qui pouvait en être la cause – probablement quelqu'écureuil - lorsque je le vis. Sous mon arbre, un charmant jeune homme était assis. Il avait trouvé mon petit panier et, tentant de découvrir le pourquoi du comment de la livre de beurre, rongeait une des pommes. C'était le bouquet ; non seulement j'étais perdue, non seulement j'avais l'air plutôt cloche, déguisée en corbeau tenant en son bec une pomme, mais il fallait en plus qu'un rigolo soit passé par ici aux petites heures du jour, ait découvert mes provisions et n'ait rien trouvé de mieux à faire que de s'installer sous ma branche pour ce qui semblait être le reste de la matinée. Je ne pus retenir mon ire :

« - Ah, ben, me… » Commençai-je laissant tomber ma proie qui alla assommer le brave jeune homme.

Le court instant que dura sa stupeur me permit de sauter au bas de l'arbre et de me dissimuler dans une touffe de fougères croissant opportunément dans les parages. Le mécontentement du jeune homme fut grand et j'entendrai longtemps résonner à mes oreilles les paroles qu'il prononçait en s'éloignant du lieu du sinistre :

«Ah, ça, c'est grave, disait-il, c'est d'une gravité énorme, une gravité gigantesque, je dirai même plus ; c'est d'une gravité universelle ! »

Voilà mon histoire. Il m'a fallu cent quarante-deux ans pour retrouver mon village. Mon magasin avait été reconverti en sex-shop, ce qui me fut d'un certain réconfort car on y vendait encore de potions, on y dispensait des charmes… Je ne sais pas ce qu'il est advenu du jeune homme, je sais seulement qu'il n'a pas mangé la pomme.

VICTORIA, BC. Canada

www.ingramcontent.com/pod-product-compliance
Lightning Source LLC
Chambersburg PA
CBHW070527220526
45467CB00003B/891